► 50則非知不可的生物學概念

50 Biology Ideas

you really need to know

JV · 查莫里（JV Chamary）★ 著

李明芝 ★ 譯

目錄

簡介

生命是什麼？生物學就是研究生命的學問，因此在探索生物學最重要的概念以前，我們或許要先約略了解「生命」到底是什麼。然而若是查找字典，最後你只會一直在原地打轉。字典裡的定義總寫些這類的句子：「活著的東西」（就是生命的換句話說）、有機體（又是生命），以及「動物和植物」（沒錯，還是生命！）。

生物學是一門例外的科學，一語道盡生命為什麼如此難以歸類。就拿病毒來說，許多生物學家認為病毒不是活的，因為只要一離開寄主細胞它就無法繁殖。不過這句話沒算到麻風桿菌（*Mycobacterium leprae*），它不是病毒，但同樣是無法獨立存活的細胞內寄生物。這也難怪科學家無法對任何定義產生共識。

雖然物理學有許多定律，但生物學只有唯一的定律：演化。不過，繁殖需要基因，而有機體具有細胞。本書的前三章先探討這些基本主題，之後再回到生命的起源（嚴格來說是化學）以及生命之樹。後續章節根據組織從小到大分為四個部分：基因（第 6 到 16 章）、細胞（17 到 24 章）、身體（25 到 40 章），以及族群（41 到 50 章）。其中，我們人類有專屬的一章，就跟病毒一樣——這又回到那個難解的大問題。

定義生命有兩種方式：它具備什麼以及它進行什麼，也就是特徵（如細胞）和過程（如繁殖）。我認為病毒是活的，因此我們可以假設生命「具有」一個容納細胞和病毒外殼的容器。身體「進行」複製（繁殖），而族群藉由天擇，透過演化適應環境。至於生命到底是什麼呢？我的想法是：自成一體的實體，有能力複製和適應。這個說法解釋得通，但是還不夠完備。如果你在讀完本書後得出更好的定義，麻煩請跟我說，我很樂意聽聽。

01 演化

每個有機體的過去和現在是透過演化連上關係，都是共同祖先的後裔。隨時間發生的改變，受到基因突變和環境適應驅動。這個過程從地球開始出現生命後就不曾間斷，產生出我們今日所見的各式生物。

生命是一個大家庭，而你則是大的不得了的生命樹上的一片葉子。人類並不是猴子的後代，但我們都屬於靈長類動物，彼此可說是表親。我們很遠很遠的遠親包括各種生命，從細菌到鳥類都有，每種有機體都源自相同的老祖宗：作為地球上所有生命祖先的一群單細胞。雖然我們透過共同的血統彼此相關，但我們最終還是各不相同，因為任何特定族群——如動物界中的某一科、某一種——都可能隨時間改變。這是演化論的其中一半，也是查爾斯·達爾文（Charles Darwin）所謂的「經過改變的繼承」（descent with modification）。

突變

十九世紀以前，人們相信各種生物——物種（species）——都不可能改變，他們是固定或永遠不變。然後到了 1809 年，法國的博物學家尚－巴蒂斯特·拉馬克（Jean-Baptiste Lamarck）提出「變種說」或物種「演變」的論點。他在《動物哲學》（*Philosophie Zoologique*）書中提出，物種因為環境的壓力而改變。拉馬克關於生物為什麼適應的說法沒錯，但對於如何適應的看法有誤，他認為適應（adaptation）可能在個體的一生中獲得，並且一代傳過一代：長頸鹿的脖子越長越長，因為

大事紀

西元 **1809**	西元 **1859**	西元 **1865**
拉馬克概述物種隨時間改變的演化理論	達爾文在《物種起源》書中藉由天擇說明適應	孟德爾的遺傳定律揭示出基因是遺傳的獨立單位

牠的祖先伸長脖子想吃到高高的樹葉。

拉馬克的理論——獲得性狀遺傳——在科學家發現體細胞無法傳遞性狀後，便不再受到青睞。1883 年，德國的生物學家奧古斯特·魏斯曼（August Weismann）提出「種質論」（germ-plasm theory）：唯有生殖細胞（例如精子和卵子）能攜帶遺傳訊息。奧地利的神父格雷戈爾·孟德爾（Gregor Mendel）—— 1900 年重新發現他的豌豆植株雜交實驗——證實，特性（characteristic）是由獨立的粒子遺傳，也就是我們現在所謂的基因。

今日的「突變」（mutation）一詞，跟基因突變與其對個體特徵（例如新陳代謝和外觀）的影響有關。突變是生物變異的終極來源，為自然界提供原料，淘汰不適合生存環境的有機體。這是達爾文演化論的另外一半：天擇（natural selection）。

達爾文的演化樹

圖爲查爾斯·達爾文手繪的第一份草圖，呈現各種生物之間的關係，出自他構思「物種演變」的筆記本 B（1837 年）。這張生命之樹的早期繪圖顯示，根源（標註①）處有個共同的祖先。尾端顯現「T」的分枝（標註 A、B、C 和 D）是存活的生命，其他則是滅絕的群體。

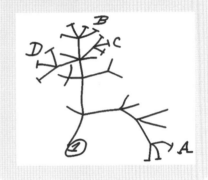

適應

達爾文在 1859 年出版《物種起源》（On the Origin of Species），書中描述生命的多樣性以及驅使族群適應環境的機制：藉由天擇的演化。這個理論通常被簡化爲「最適者生存」，這句話有點令人誤解。首先，「最適者」顯然不只包含生理表現，因爲在生物學中，「適存度」（fitness）代表的是生存與繁殖的能力。第二，驅使大自然在個體間做選擇的環境壓力（例如競爭資源和配偶），並不是挑出最好的，只是篩選掉最差的。因此，思考天擇的更好方法是「消除最不適者」。

西元 1883	西元 1910	西元 1930
魏斯曼提出特性只會經由生殖細胞遺傳	摩根和學生證明基因突變是變異的來源	現代演化綜論結合天擇與遺傳學

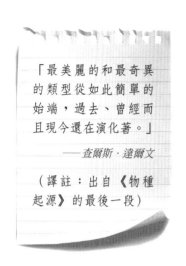

「最美麗的和最奇異的類型從如此簡單的始端，過去、曾經而且現今還在演化著。」

——查爾斯·達爾文

（譯註：出自《物種起源》的最後一段）

天擇是驅動演化前進的主要力量，但卻不是影響族群如何改變的唯一因素。天擇的反面是「淨化選擇」，這個過程是避免不必要的改變，或是說如果沒有壞掉，那就不必修理。突變對個體的影響也可能小到實際上躲過選擇，因此突變在族群基因庫（gene pool）裡的命運，取決於機運或隨機的「遺傳漂變」。1930年代，族群遺傳學家將這樣的想法融入天擇理論，創造出現代演化綜論，或稱為「新達爾文主義」。

演化像是一輛停在小斜坡上的車子，因為繁殖和基因漂變而慢慢滑下斜坡。踩住煞車能阻止車子滑動並享受風景（淨化選擇）。踩下油門則可以加速前進和適應環境（天擇），而提供這個過程的燃料是突變和變異。

演化論

理解「演化論」的部分問題，在於普通名詞和科學術語之間的差異。生物學家認同演化的發生，認為這是事實、也是真的，但卻可能不同意背後機制的細節，也就是對理論沒有共識。多數人搞不清楚「理論」和「假說」（假說是可驗證的預測；理論是想法的架構）。所有的科學理論都一樣，細節會不斷地推敲更新，就像重力理論不再只根據牛頓的萬有引力定律，而是加入愛因斯坦的廣義相對論。「演化」（evolution）也是個令人困惑的名詞。它的意思是「開展」（任何逐漸的改變），但卻常被用作前進或發展的同義詞（如進化），這也說明為什麼科幻電影有時宣稱個體可以「演化」。

自然的適應如此驚人，所以很難想像究竟如何能藉由多重的演化步驟形成。因此出現像基督徒哲學家威廉·佩利（William Paley）所做的錯誤解釋，他在1902年將生命的複雜性比喻成做工複雜精細的手錶。

這種創造論的想法已重新命名為智能設計，是種基於「訴諸無知」或「填補空隙的上帝」的邏輯謬誤。在這兩種情況下，如果出現普通人或專家無法理解的空隙，也就是演化鏈中「缺失的一節」（但科學家比較喜歡「過渡化石」這個名詞），那就假設用超自然來做解釋。

看看大自然，物種似乎和自身的環境配合得十分完美，因此出現解釋特性的「原來如此」故事，像是長頸鹿的長脖子。我們周遭的生物都是過去適應、而非現今環境的遺產。因此，若要了解生命的特徵，你必須了解他們在最初為何演化。套用遺傳學家費奧多西·杜漢斯基（Theodosius Dobzhansky）的話：「如果不從演化的觀點來看，生物學的一切都毫無意義。」

智能設計

智能設計（Intelligent Design, ID）的想法是，生命複雜到必須由智能設計者來創造，像是上帝或外星人。智慧設計的主要論點有兩個。「特定複雜性」主張生物訊息（編碼模式和特徵）複雜到難以置信，所以偶然演化而成的可能性相當低。這個說法不像科學理論能做可驗證的預測，證明它是真、是假，只能利用演算法偵察抽象例子的設計。「不可化約的複雜性」提到，某些生物系統太過複雜，無法從比較簡單的部分演化而成。有個例子是鞭毛，某些細菌利用鞭狀尾巴來移動，這件事被比喻為老鼠夾。不管哪種情況，若是你把系統化約為各成分的任何組合，都起不了任何作用。而演化的解釋為，系統的各個部分可能在漸進的過程中出現。舉例來說，有些細菌利用部分的鞭毛黏住表面、或釋放蛋白質。

重點概念
族群突變並隨時間適應

02 基因

基因攜帶生物訊息從一代傳到下一代，形塑有機體的每個特性，從內在的新陳代謝到外顯的長相。一整組的基因——基因組（genome）——將個體發育的所有指令編碼，影響個體成長、存活和繁殖的能力。

什麼是基因（gene）？字典裡常用定義像是「決定特性的遺傳單位」。這是我們多數人理解這個概念的方式，也是為什麼我們說漂亮的人有「好的基因」、運動能力是「在你的基因裡」，或研究已經發現某些特徵或疾病是「基因造成」。

不同的遺傳變異體也是「基因」，因此智力的假設性基因可能被標記為「天才基因」或「愚蠢基因」，端看新聞故事的觀點而定。科學家也做相同的事：例如，果蠅的發育受到像「鐘樓怪人」或「無翅」基因控制——基因以突變效果而非正常表現命名。對於基因本質的一些困惑，大概可歸咎於這個概念在過去 150 年間的巨大變化。

遺傳的單位

數千年來，人類一直在動物和植物身上培育自己想要的性狀，但特徵如何遺傳的正確解釋，直到 1865 年才被揭開。遺傳的科學始於奧地利裔捷克的神父——格雷戈爾·孟德爾，他研究特性（例如花的顏色和種子的形狀）如何在世代間傳遞。孟德爾用豌豆植株進行雜交實驗得到觀察資料的統計結果，推導出他的遺傳定律，其中的原理暗指決定特徵的「元素」是個別的粒子，我們現在稱為基因的獨立遺傳單位。

大事紀

西元 1865	西元 1910	西元 1941
獨立的遺傳單位：孟德爾的實驗指出基因是粒子	區隔座位：摩根和他的學生證明基因位在染色體	蛋白質的藍圖：比德爾和塔特姆和發現突變改變酵素

1910 年，基因從抽象的存在變成具象的物體。當時，美國的遺傳學家托馬斯・亨特・摩根（Thomas Hunt Morgan）發現，帶有突變的果蠅，眼睛顏色會從紅色變成白色。他的交配實驗證明，遺傳模式跟雌性或雄性有關聯（由不同的性染色體決定），因此染色體是攜帶基因的生理結構。摩根和他的學生繼續證明，基因位在染色體的特定位置，因此基因成為在區隔「座位」上的有形物體。

染色體（chromosome）由兩種分子組成：蛋白質（protein）和去氧核糖核酸（DNA）。哪一個是遺傳物質（genetic material）呢？1944 年，加拿大裔美國三人組——奧斯瓦爾德・埃弗里（Oswald Avery）、科林・麥克勞德（Colin MacLeod）和麥克林恩・麥卡蒂（Maclyn McCarty）證明，非烈性細菌只要有 DNA 存在，即使沒有細胞的其他部分都可能變種為致命的品系，由此證實攜帶基因的分子是 DNA。科學家先前曾假設蛋白質是遺傳物質，因為它們的化學建構元件——胺基酸（amino acid）——比 DNA 的四種核苷酸鹼基更多樣，使它們更有資格為生物訊息編碼。

先天經由後天作用

至少在生物學中，沒有所謂「先天 vs. 後天」的爭論。辯論令人興奮，這就是為什麼記者常常用對立的觀點來呈現先天與後天。新聞故事也用「造成什麼的基因」這類的句子報導科學發現，暗示先天能完全地決定特性。然而，另一方面有些社會科學家（特別是心理學家）主張，行為是由養育決定。真相往往在這兩者之間。就拿人類的肥胖為例，基因透過決定能量的新陳代謝和你的身體是否對身體活動反應的遺傳變異體，控制你的體質是否容易變胖（先天），但維持身形和保持健康也代表不要吃太多熱量和進行規律的運動（後天）。因此，生物的特徵和行為，幾乎永遠都是基因和環境彼此互動——先天經由後天作用——的結果。

西元 **1944**	西元 **1961**	西元 **1995**
有形的分子：埃弗里、麥克勞德和麥卡蒂證實 DNA 是遺傳物質	轉錄密碼：克里克和同事證明遺傳密碼利用三聯體序列	註解的基因組實體：DNA 序列用來預測基因，包括 RNA

這樣的想法，在 1953 年詹姆斯・華生（James Watson）和弗朗西斯・克里克（Francis Crick）發現 DNA 的結構後發生改變，他們發現雙股螺旋上的鹼基配對，揭開訊息如何複製的方式。自此，基因成為有形的分子。

蛋白質編碼序列

蛋白質幾乎攬下身體裡多數的困難工作，從形成細胞的內骨骼，到擔任組織之間的傳訊分子。最重要的是，許多蛋白質是酵素（酶，enzyme），能催化新陳代謝（metabolism）的化學反應驅動生命。基因對生物特性（表現型）產生的影響並非永遠明顯，但最終影響細胞內生化活動結果的還是基因型。1941 年，美國的遺傳學家喬治・比德爾（George Beadle）和愛德華・塔特姆（Edward Tatum）用 X 光照射麵包黴菌，證明突變會造成代謝途徑上特定點的酵素改變。由此引申出「一基因、一酵素」的觀點（之後是「一基因、一蛋白質」），視基因為製造功能性分子的指令。具體來說，基因成為蛋白質的藍圖。

「似乎很有可能任何生物的所有遺傳訊息大多是由核糖核酸攜帶──通常是DNA。」

──弗朗西斯・克里克

解決 DNA 的結構之後，科學家開始破解細胞如何使用它的指令，將 DNA 的遺傳密碼轉譯成蛋白質的語言。弗朗西斯・克里克和同事在 1961 年的首次發現，證明基因使用三字母文字，或說三聯體。他們在往後的五年證明，各個三聯體都是製造蛋白質鏈上特定胺基酸的密碼。然而，DNA 字母的序列在被轉譯以前，必須先轉錄──讀取和複製──成「信使核糖核酸」（messenger RNA, mRNA），因此基因必須編碼一段連續三聯體：開放讀碼框（open reading frame, ORF）。這個推論帶出第一個被測序的基因，由比利時的生物學家瓦爾特・菲爾斯（Walter Fiers）在 1971 年利用噬菌體 MS2 病毒完成。

美國遺傳學家 J・克雷格・凡特（J. Craig Venter）帶領的團隊，在 1995 年發表第一個完整有機體〔流感嗜血桿菌（*Haemophilus influenzae*）〕的 DNA 測序，他們掃描作為開放讀碼框的序列，預測

潛在基因的位置。基因組現在成為電腦裡的資料，而基因則是有註解的基因組實體。

功能性產品

　　解釋基因功能的最普遍方法，仍然是以蛋白質為主的觀點，不過除了編碼蛋白質，DNA 也編碼製造 RNA 的藍圖。小的「轉移RNA」（transfer RNA, tRNA）分子用來破解轉譯期間的遺傳密碼：例如，將胺基酸串連成蛋白質的機器（核糖體）是繞著「核糖體 RNA」（ribosomal RNA, rRNA）建構。從1980 年代起，接連發現控制各方面基因活動的多種其他類型的「非編碼 RNA」。

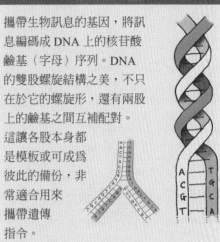

雙股螺旋

攜帶生物訊息的基因，將訊息編碼成 DNA 上的核苷酸鹼基（字母）序列。DNA的雙股螺旋結構之美，不只在於它的螺旋形，還有兩股上的鹼基之間互補配對。這讓各股本身都是模板或可成為彼此的備份，非常適合用來攜帶遺傳指令。

　　雖然細菌這類有機體的基因組，主要是由蛋白質編碼基因組成，但許多物種的基因組大多是非編碼 DNA ——人類的基因組大約 98% 沒有編碼蛋白質。「基因組學時代」已經揭開基因的組成，通常包含幾個沿著染色體分散的碎片，有時會彼此重疊。DNA 充滿了可能跟它們的關聯基因差異甚遠的功能性元素，像是遺傳控制開關。2007 年，進行「DNA 元素百科全書」（Encyclopaedia of DNA Elements, ENCODE）計畫的耶魯大學生物學家提出稍微冗長的新定義：「基因是基因組序列的聯合體，將一整套可能重疊的功能性產品編碼。」

重點概念
遺傳單位編碼功能性生物分子

03 細胞

細胞是生命的基本單位，可以像獨立的有機體般運作，或是形成多細胞體的部分。每個細胞都充滿各種的隔室，執行無數的新陳代謝反應。因此，「細胞」（cell）這個名字出自於空曠的空間（譯註：cell 原指的是修道士所住一格、一格的單間房）就顯得有點諷刺。

1665 年，英國的博學家羅伯特・虎克（Robert Hooke）出版《微物圖解》（*Micrographia*），集結他用顯微鏡和望遠鏡觀察的成果。在許多昆蟲和天體之中，有個關於一片軟木塞內部蜂巢般結構的詳細繪圖和描述。他將這個滿是空氣的空曠空間稱爲「cell」（細胞）。

荷蘭的顯微鏡學家安東尼・范・雷文霍克（Antonie van Leeuwenhoek）是第一位看到活細胞的人，他從 1673 年開始寫信給倫敦皇家學院（Royal Society）報告他的發現。范・雷文霍克描述微細的移動粒子，並且（假設那樣的移動性代表動物生命）推斷它們是「微小動物」（animalcules）。范・雷文霍克發現許多的顯微有機體，包括單細胞的原生生物、血球細胞、精子，甚至牙菌斑裡的細菌，然而之後就進展緩慢。直到十九世紀，因爲光學顯微鏡和新的組織製備技術進步，才讓人得以一窺細胞的內部。

細胞學說

生命是由細胞組成的說法，最早大概出現在 1824 年，由法國的植物生理學家亨利・杜托息（Henri Dutrochet）提出。然而，提出這個想法的榮耀通常歸功於兩位德國人：植物學家馬蒂亞斯・許萊登（Matthias Schleiden）和動物學家泰奧多爾・許旺（Theodor Schwann）。

大事紀

西元 1673	西元 1824	西元 1831
范・雷文霍克首次觀察到顯微有機體，包括細菌	杜托息提出所有生命都是由執行新陳代謝的細胞組成	布朗認爲細胞核普遍存在於植物的細胞中

1838 年，許萊登主張所有的植物結構都是由細胞或細胞的產物組成，同時許旺認爲動物也是一樣。

許萊登和許旺的細胞學說有三個要點：所有生命都是由細胞構成、細胞是生命的最基本單位，以及細胞由結晶化形成。現在我們知道最後一點是錯的：細胞的出現不是從無機物自然發生，而是當已經存在的細胞分裂成兩個時——比利時的巴泰勒米·杜莫蒂爾（Barthélemy Dumortie r）在 1832 年從水藻觀察到這個過程，而動物的細胞則是由羅伯特·雷馬克（Robert Remak）在 1841 年觀察到。

1882 年，德國的生物學家華爾瑟·弗萊明（Walther Flemming）詳盡地描述細胞分裂。在發明油鏡和使細胞結構清晰的染色之後，弗萊明利用靛藍染劑將染色體染色，顯現出染色體複製和分開成兩個子細胞。這個被稱爲「有絲分裂」（mitosis）的過程，並沒有出現在所有的細胞，只有染色體被包在核封套裡的細胞才有。

菌源說

我們今日假設，肉眼看不到的微生物可能導致生病，但多數人曾經相信，疾病是因爲「瘴氣」或感染（污染或直接接觸）。荷蘭的顯微鏡學家安東尼·范·雷文霍克讓我們知道有小得看不見的有機體存在，然而當時還不清楚跟疾病有關的微小生物是症狀、或是原因。然後到了 1850 年代，法國的化學家暨微生物學家路易·巴斯德（Louis Pasteur）證明，啤酒、葡萄酒和牛奶含有會繁殖和造成食物腐敗的細胞。加熱液體能殺死微生物，現今這種處理方法被稱爲巴斯德殺菌法（pasteurization）。巴斯德的檢驗，有助於反駁生命的出現是從無機物「自然發生」的想法，他也由此推論如果微生物會造成腐壞，它們也可能造成疾病。

細胞核

關於蘇格蘭的植物學家羅伯特·布朗（Robert Brown），最著名的是他對粒子在液體中隨機運動（布朗運動）的描述，但是他也對細胞生物學做出重大的貢獻。布朗在 1831 年倫敦林奈學會（Linnean Society）發表的一篇論文，提到蘭花的各種葉子組織都找得到「單一個圓形的暈……或細胞的核」，他指出各種細胞大多都有那個結構，因此相當重要。

西元 1838～1839
許萊登和許旺發展有關生命單位的細胞學說

西元 1884
默比烏斯將單細胞生物內的結構稱爲胞器

西元 1962
史坦尼爾和范·尼爾推廣原核生物與真核生物之間的區別

原核生物與真核生物

有機體不是原核生物、就是真核生物，根據他們的細胞是否有核定義。原核生物（例如細菌）的 DNA 位在細胞質中，而真核生物的遺傳物質被包在核封套裡。真核生物的細胞比較複雜，內含像是粒線體和葉綠體的膜結合隔室。

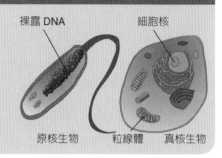

裸露 DNA　　　　細胞核

原核生物　　粒線體　真核生物

然而，細胞核（nucleus）並不是生命的必要部分：細菌不在乎自己的 DNA ——環形染色體和通常有一些「質體」——光溜溜地漂浮在細胞質（cytoplasm）裡。裸露可能是個優點，因為細菌能因此快速回應新陳代謝需要：從 DNA 讀取遺傳訊息，然後同時轉譯、製造有用的蛋白質，無須拆解在細胞核進行轉錄、在細胞質進行轉譯的過程。

有機體根據是否有核分類：真核生物有細胞核，而原核生物沒有——微生物學家羅傑・史坦尼爾（Roger Stanier）和 C・B・范・尼爾（C. B. Van Niel）在 1962 年推廣這樣的區別。真核生物（eukaryote，希臘文意指「真正的核」）包含的範圍極廣，從單細胞的原生生物到多細胞的生物，像是動物和植物；原核生物（prokaryote，希臘文意指「核出現以前」）包括細菌和古菌。那核是如何出現的呢？這方面的假設有許多，可大分為兩類：外在起源包括微生物演化成核；內在起源指出細胞的外層膜向內摺疊，形成核封套。外在起源的故事情節包括：一個細胞住在另一個細胞裡的共生關係、一個古菌被一群細菌環繞後融合在一起，以及受到複合病毒感染。

胞器

1884 年，德國動物學家卡爾・默比烏斯（Karl Möbius）將單細胞原生生物的繁殖結構稱為「器官子」（organula，小器官）。而「胞器」（organelle）這個名詞，現在被用來描述真核生物細胞裡有獨立功

能的任何結構。

　　許多人甚至將胞器跟人體的器官（organ）做類比：粒線體（mitochondria）像是肺臟，吸進氧氣來釋放能量；細胞骨架類似肌肉和骨骼，提供支撐和運動；原生質膜類似皮膚，是一大片無法穿透的屏障；而細胞核就像腦部，只不過它貯存的記憶是基因血統而非過去經驗。

　　原核生物具有更微小的器官。真核生物的細胞具有結合一層或多層細胞膜的次細胞隔室，但原核生物的胞器被包在蛋白質基的殼裡。例如，有些細菌利用連串的磁小體（magnetosome）感應地球的磁場，而其他細菌利用「羧酶體」（carboxysomes）濃縮製造碳水化合物的酵素RuBisCo。真核生物也有蛋白質結合的隔室，那是稱為「穹窿體」（vault）的神秘微小胞器，目前功能不明。

　　雖然真核生物具有複雜的細胞而且能形成大型、多細胞的身體，不過地球上的主要生命還是由原核生物組成。最古老的原核細胞微化石大約是 15 億歲，但簡單的微生物大約比這早 20 億年出現。複雜性並不是演化成功的測量，越大不一定越好。

> 「如果將這驚人結構的極端簡單性與其最內在本質的極端多樣性相比，顯然它就是構成組織狀態的基本單位；確實，所有生命最終都源自於細胞。」
>
> ——亨利·杜托息

重點概念
所有生命的結構和功能單位

04 生命的起源

遠古時代的地球，是個充滿蒸汽、地獄般可怕的世界。然而大約在 35 億年前，生命就已然生成，證據是在古老的澳洲岩石中細胞般的化石銘印。既然如此，地球上的生命如何從無生命、無機的過程，發展出像是基因、新陳代謝和細胞膜的關鍵特徵呢？

1920 年代，俄國的生化學家亞歷山大・歐帕林（Alexander Oparin）和英國的數學生物學家 J・B・S・霍爾丹（J.B.S. Haldane）各自提出生命源起自原生湯。簡單分子之間的化學反應，造成海洋中的複雜有機化合物越來越多，或許是由太陽供給能量，創造出霍爾丹所謂的「熱稀湯」。米勒—尤里實驗（Miller-Urey experiment）是對這個理論的最著名檢驗，那時在芝加哥大學哈羅德・尤里（Harold Urey）實驗室工作的美國化學家史丹利・米勒（Stanley Miller），試圖重製當時認為的原始地球條件。1953 年，米勒將甲烷、氨、氫氣和蒸汽（沒有氧氣）等氣體混合加入玻璃儀器，用電流火花模擬閃電。最後的溶液內含有機前導物，像是氰化氫、醛類和簡單胺基酸，不過缺乏有機聚合物。他們製造的稀湯，似乎沒有完全重製能孕育生物分子的必要條件——還需要一個碗讓生命的原料濃縮。

創造的搖籃

達爾文在 1871 年寫道，他認為第一個有機體出現在「某個溫暖的小池塘裡」。此後有許多地點被指稱為生命的發源地，有些人主張起始於地熱溫泉，另有些人認為是在火山造成的浮石孔洞。

大事紀

西元 1920	西元 1953	西元 1982
歐帕林和霍爾丹提出原生湯理論	米勒—尤里實驗在實驗室製造有機分子	切克發現第一個核糖酵素（催化性 RNA 分子）

　　然而，許多研究者相信生命起源於海中，部分原因是早期的地球沒那麼多陸地，而且雨會稀釋陸地上所有池塘的湯。目前，關於創造搖籃的主導理論包括鹼性海底熱液噴口（類似沿著大西洋中脊發現的熱液噴口），那裡有富含鐵和硫的超高溫水從海底冒出，還有礦物質沉澱形成大堆的多孔礦物。周圍的水溫可能高達沸點，但也冷到足以支持生態系統。根據 1997 年提出這個理論的英國地球化學家麥可・羅素（Michael Russell）所說，噴口往一個地方送出兩種生命的必需品：能量和原料。

遺傳或新陳代謝？

　　關於生命足跡的第一步，至今仍沒有共識。直到二十世紀中期，許多科學家還認為蛋白質是遺傳物質。歐帕林和霍爾丹都相信蛋白質編碼指令，製造名為「凝聚層」的有機液滴，經由原始新陳代謝吸收其他的有機分子後複製。歐帕林認為遺傳訊息是生命的第一步，但霍爾丹相信首先出現的是新陳代謝反應。今日，多數研究者仍可分為兩派：遺傳優先，或新陳代謝優先。

　　爭論可歸結為如何使用能量和原料。遺傳優先的研究者認為，所有生命都要複製，因此原生系統必須編碼製造產品（例如酵素）的指令，幫助結合物質，讓基因能自行複製。新陳代謝優先的研究者主張，生命是個消耗能量的過程，因此需要新陳代謝反應來駕馭力量和組裝分子。

西元 1997
羅素指出新陳代謝始於海底熱液噴口

西元 2002
喬伊斯創造自我複製的核糖酵素分子

西元 2004
索斯塔克製造幫助複製 RNA 的原始細胞

泛胚種論

根據胚種論（panspermia）假說，生命的種子早已分散在整個宇宙。1903年，物理化學家斯凡特・阿瑞尼斯（Svante Arrhenius）提出，微生物可能被太陽輻射推擠到整個太空。輸送過程不太可能完全沒有遮蓋，因為遺傳物質會被破壞，但由天體（例如隕石）運輸理論上是有可能的，因為許多陸生物種已經設法在太空旅行中存活，包括細菌和稱為「水熊蟲」（tardigrade）的微小動物。多數想法是毫無根據的推測：例如，「定向泛胚種論」暗指外星人的刻意介入，而天文學家弗雷德・霍伊爾（Fred Hoyle）和錢德拉・維克拉瑪辛赫（Chandra Wickramasinghe）指出有些爆發的疾病是來自太空。唯一根據科學證據的假說是「假泛胚種論」，認為播種生命的是有機化合物，而不是完整的有機體。從天體（例如默奇森隕石）的化學分析中，已經發現脂肪酸、胺基酸，以及核鹼基。有個理論是，許多生命的建構元件在大約40億年前的「晚期大撞擊」（Late Heavy Bombardment）事件中到來，當時有相當多小行星一直在撞擊地球。

遺傳優先的支持者會問：原料如何組裝？新陳代謝優先的擁護者則問：這麼做的能量在哪兒？海底熱液噴口假說是新陳代謝優先的版本：海水的酸性比噴口冒出的鹼性液體高，所以在一堆礦物中製造連通孔之間的電化學梯度，酸性海水中的氫離子（H+）順著濃度梯度往下流進噴口內部。就像水壓驅動水力發電大壩裡的渦輪，這種梯度產生的力被孔洞之間的分子捕捉。

RNA 世界

有件事研究者全都同意，那就是最早的遺傳系統並不像我們今日了解的情況。現代細胞將指令貯存在 DNA，利用蛋白質執行像酵素的催化反應等功能。但因為蛋白質是由 DNA 製造，所以會出現雞生蛋、蛋生雞的矛盾。不過，線索就藏在核糖體（細胞用來合成蛋白質的分子機器）的中心，這裡可以找到 RNA 製成、酵素般的「核糖酵素」。1982 年，美國的化學家湯瑪士・切克（Thomas Cech）發現核糖酵素擔任獨立的催化 RNA，而在 2002 年，分子生物學家傑拉德・喬伊斯（Gerald Joyce）製造能自己複製的 RNA 酵素，使得指數成長和自給演化成為可能。這點支持英國科學家弗朗西斯・克里克和萊斯利・奧格爾（Leslie Orgel）在 1960 年代提出的說法，所有原生系統都可能曾以 RNA 為基礎，亦即所謂的「RNA 世界」假說。

那為什麼是 RNA，而不是其他的分子呢？有個線索在 2009 年由英國的化學家馬修・波納（Matthew Powner）和約翰・蘇瑟蘭（John Sutherland）提出，他們用「近似前生命體」條件烹調出這樣的湯。接觸紫外線輻射時，湯的原料轉變成胞嘧啶和尿嘧啶——RNA 的其中兩個鹼基。因此他們認為，最早的遺傳系統起源於「日光選擇」的演化。

> 「在生命起源以前，（有機物質）必須先累積直到原始的海洋達到熱稀湯的濃度。」
> ── J・B・S・霍爾丹

原始細胞

細胞是生命的基本單位，也是將基因和新陳代謝從環境隔絕的隔室。現代細胞被雙層的磷脂膜包住，但早期的「原始細胞」大概是利用脂肪酸泡泡。像是油滴進水裡一般，脂肪酸會結在一起，自行組裝成球形。加拿大的生物學家傑克・索斯塔克（Jack Szostak）長期研究自我複製的 RNA 如何影響原始細胞。因為小分子能穿透膜，所以 RNA 的建構元件能進入泡泡，然後串在一起長大到無法離開。索斯塔克在 2004 年發現，原始細胞內部的液體越來越濃縮，後來水藉由滲透作用流入，造成泡泡膨脹到破裂而脂肪酸必須重新組裝。因此，細胞成長和分裂的起源或許是物理力的結果，受到自我複製的 RNA 驅動。

科學家能烹調原生湯，重製原始的狀態或揭開類似基本過程的生態系統，但我們還是無法確切知道生命如何開始。無論生命在哪裡出現，他都是第一個自我複製的泡泡，在某個時刻離開他舒適的孔洞，變成獨立生存的細胞，成為第一個有機體。

重點概念
化學到生物學的轉變

05 生命之樹

演化史通常被描繪成樹的形狀，樹枝代表承襲共同祖先的世系，樹根就是最初的細胞。然而，物種之間的關係——特別是在微生物間——可能相當複雜，或許不太能用這樣的方法代表所有生命。

最初的細胞起源於 35 到 40 億年前，目前地球上所有生命的奠基者〔最後共同祖先（last universal common ancestor, LUCA）〕，大概類似像現代細菌或古菌。有項證據是所有生物都共享遺傳密碼的系統。從這些根源開始，生命之樹開枝散葉成所有活著和逝去的物種，對於演化史是相當有力的比喻——然而這是正確的嗎？

生命階梯

演化有時被錯誤地想成從原始到完美的進展等級，而人類是創造的顛峰。這個想法源自於亞里斯多德（Aristotle）以及「自然階梯」（*scala naturae*）或「存在巨鏈」。大約在西元前 350 年，希臘的哲學家將萬事萬物（包括有生命和無生命）用階梯排列，岩石放在最底層而人類在最上層（後來的聖經讓我們下降幾階，把我們放在上帝和天使之下）。亞里斯多德既不是創造論者（相信生命突然出現）、也不是演化論者（假設物種經由共同祖先產生）。實際上他是個「永恆主義者」（eternalist），認為萬事萬物都早已一直存在。亞里斯多德也相信，新的生

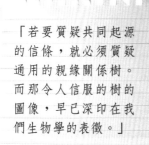

「若要質疑共同起源的信條，就必須質疑通用的親緣關係樹。而那令人信服的樹的圖像，早已深印在我們生物學的表徵。」

——卡爾‧烏斯

命是從無生命的物質藉由「自然發生」而出現，這個想法是根據像肉生出蛆的觀察產生。自然發生的概念，最後在1859年被路易‧巴斯德推翻。

　　階梯的比喻獨占鰲頭長達兩千多年。1735年，瑞典的博物學家卡爾‧林奈（Carl Linnaeus）出版《自然系統》（*Systema Naturae*），他在書中利用指稱屬和種的二名法〔例如 *Homo*（屬名，名詞）*sapiens*（種名，形容詞），智人〕將生物分類。這個系統建立起分類學的領域，藉由共享特徵將生物歸類。林奈也把自然界分成動物、植物和礦物。生命之樹在一百年後出現，其中有個相當著名的例子是1874年出現的「人類的演化」，這是德國的生物學家恩斯特‧海克爾（Ernst Haeckel）繪製的大橡樹。然而，這棵「樹」仍暗指進展的階梯，人類也還是在最頂端。

生命之樹

　　《物種起源》書中有一幅圖解：代表經過改變的繼承，亦即「累世修飾」（演化）的一棵樹。畫有V形的線代表世代隨時間（累世）分開成不同樹枝（修飾）。擴展成傘形的線導向存活的群體，其他的則是滅絕。達爾文的樹並沒有用真實的物種標註，但博物學家很快將這棵樹當成演化史。雖然海克爾在他的大橡樹中用階梯呈現人類的演化，但他很

基因水平轉移

一個有機體的遺傳物質，有時可能被同化為另一個有機體的基因組。1928年，細菌學家弗雷德里克‧格里夫茲（Frederick Griffith）發現，肺炎鏈球菌從死掉的細菌中吸收「轉化因子」（現在已知的DNA）後，會從無毒變成致命。這樣的「基因水平轉移」在微生物和病毒間相當常見，但是在多細胞有機體中卻很罕見。多數已知的轉移例子發生在關係密切的物種之間，例如共生夥伴或是寄主和寄生物。細菌和真菌捐獻的基因，最後結束在各種「簡單」的動物，包括海綿、昆蟲和線蟲。轉移到脊椎動物的案例似乎特別稀少，不過DNA經常藉由病毒和其他可移動基因片段，在基因組之間置換。遺傳工程是以人工的方式進行基因水平轉移，關於基因改造野生生物的一個擔憂是，它們的「外來」DNA可能被轉移到其他物種。不過這樣的可能性微乎其微，自然轉移的稀有性也代表危險相當地低。

西元 **1859**
巴斯德推翻生命從非生命的物質自然發生

西元 **1928**
格里夫茲的細菌吸收DNA，是基因水平轉移的例子

西元 **1977**
烏斯提出生命的三域

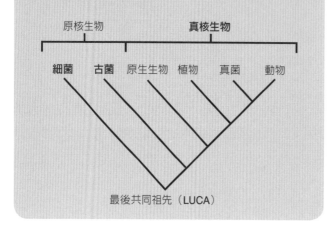

生命的親緣關係樹

科學家並不同意單一的生命之樹。此處將生物歸類成六界（支線）、三域（粗體），以及兩國（原核生物與眞核生物）。最後共同祖先（LUCA）是當前地球上所有生命的最近共同祖先。

原核生物　　　　眞核生物

細菌　古菌　原生生物　植物　眞菌　動物

最後共同祖先（LUCA）

早就改信達爾文的演化，並且在 1866 年以三條平行的支線描繪生命：植物、動物和原生生物。

該如何重構生命的家庭樹呢？今日的科學家利用名爲「支序分類學」（cladistics，出自希臘文的 klados，意思是「分支」）的方法：如果群體共享相同的特性，就能推論他們有共同的祖先。共享的特徵越多，彼此的親緣關係越近。支序分類學讓科學家能建立親緣關係樹（「種族起源」）。對於滅絕的物種，只能藉由分析化石來揭曉適當的特性。而關於存活的物種，則可以比較遺傳訊息來辨認差異。在 1970 年代中期，美國的微生物學家卡爾·烏斯（Carl Woese）用核糖體——細胞中製造蛋白質的機器——的 RNA 進行這樣的研究。他注意到有一群微生物（甲烷生成菌）缺少所有細菌都有的 RNA 片段，意指它們是不同的群體。烏斯提出生命可分成三「原界」（現在的「域」）：眞核生物（有核的有機體）以及兩種原核生物（細菌和古菌）。

科學家對於普世的親緣關係樹應該長什麼樣並沒有共識。最廣爲接受的是三域系統，但就連下一個分類層次（界）也有所歧異。樹的結構取決於比較哪些特性，不過研究者對於哪些特性最有關聯的意見不同。支序分類學也製造分類的問題：在親緣關係樹中，恰當的「單系」分支或歸類，應該只包含一個共同祖先的所有後代，沒有其他的生物。忽略這個規則的分支被認爲是「並系」。例如，爬蟲類是並系群，因爲鳥類被排除在外。儘管屬於溫血動物，但鳥類也是恐龍的後代，就跟爬蟲類一樣。因此，若以單系分類，鳥類是爬蟲類。

生命之網

共同起源需要透過基因「垂直」轉移，將特性一代傳過一代，然而生物可能有時從父母以外的來源獲得遺傳物質，也就是所謂的「基因水平轉移」。根據這種簡單的基因交換，美國的生化學家 W·福特·杜立德（W. Ford Doolittle）在 1999 年主張，「生命的歷史無法完全用一棵樹呈現」。基因水平轉移在多細胞的真核生物中相當罕見，但這個現象似乎在原核生物間很常見：例如，以色列裔德國的生物學家塔爾·達岡（Tal Dagan）在 2008 年發現，181 種原核生物當中，有超過 80% 的基因曾涉及水平轉移。因此，至少就原核生物而言，演化史比較像一張網。

難道就沒有像這一棵生命之樹的東西嗎？一切端看分支代表的是什麼。達爾文的繪圖造就奠基於解剖學的「物種樹」，但 DNA 讓現代的生物學家建立起「基因樹」。如果分支代表透過垂直演化遺傳得來的基因組，生命史就具有粗略的樹的形狀：樹幹有三域（真核生物、細菌和古菌），往下到樹基是生命的起源，而水平基因轉移的嫩枝連接在樹枝上，形成真核生物之間的網。如果最初的細胞是像原核生物的任何東西，我們的最後共同祖先就可能不是單一物種，而是彼此基因互換的多樣微生物群落。

重點概念

演化史並非永遠是一棵簡單的樹

06 性

鳥類會做。蜜蜂會做。甚至連單細胞的酵母都會做。然而生物學家卻永遠都搞不懂這回事。雖然複製比較浪費資源，但多數的複雜有機體還是偏好有性生殖。性到底為什麼如此普遍？

當你從野生動物紀錄片或在動物園看到動物性交時，動作通常簡單明瞭，甚至你不熟悉的物種也是如此。然而，有性生殖很難定義。最簡單的說法是，將來自不同個體的基因組合。微生物學家很喜歡這個說法，因為這表示細菌也有性，它們會從彼此、病毒和周遭環境撿拾DNA。但許多科學偏好比較狹隘的定義：性是兩個配子（gamete）的結合，各個配子攜帶一半的基因組。如果配子細胞的大小相同，那它們是另一種「交配型」（就像酵母菌），但比較普遍的是小配子是精子、大配子是卵子。

製造配子需要減數分裂，亦即在配對分開成兩個細胞以前，成對染色體之間先互換DNA（重組，參見第 8 章）的細胞分裂。兩個配子透過受精融合在一起，個體的性或性別（雄性或雌性）根據的不是生殖器官，而是它們產生的配子（精子或卵子）。

成本

關於性最詭異的部分不是如何發生，而是為何發生。仔細想想，無性生殖應該比較普遍。若考慮人類的族群，其中每對伴侶生產兩個小孩，平均一個男生、一個女生。

大事紀

西元 **1887**	西元 **1930**	西元 **1964**
有性生殖為天擇製造變異	費雪提出染色體重組能匯集好的突變	穆勒指出重組能防止壞的突變累積

雄性的雙倍成本

正方形代表雄性，圓形代表雌性。進行有性生殖時（圖左），假設每個個體生產兩個子代，一個男生、一個女生，然後人口維持不變。進行無性生殖時（圖右），無性母親的數量快速增加到勝過有性的個體。雄性無法靠自己繁殖，因此生產他們是浪費資源。

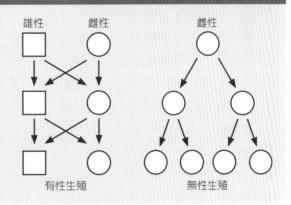

雄性　雌性　　　　　　雌性

有性生殖　　　　　　無性生殖

　　現在想像有種突變造成女性只能生出女兒，生出來的女兒也以同樣的方式生殖。這些無性母親有兩倍的繁殖率，能使每一代的人數加倍，最終會擠掉其他所有的人，造成有性個體的滅絕，包括所有男性。這樣的劣勢——有性的雌性只生產一半子代——被稱為「性的雙倍成本」。

　　美國的生物學家喬治・威廉斯（George Williams）在 1975 年出版的《性與演化》（Sex and Evolution）書中提出雙倍成本。威廉斯主張這是「減數分裂的成本」，因為各個親代只對配子貢獻自己一半的基因。然後在 1978 年，英國的科學家約翰・梅納德・史密斯（John Maynard Smith）出版《性的演化》（Evolution of Sex），他提到成本是「雄性的成本」，也就是無法單獨繁殖的那一方。後來的賈西・萊赫托寧（Jussi Lehtonen）、邁可・傑尼昂斯（Michael Jennions）和漢娜・柯克（Hanna Kokko）認為，影響成本的是親代投資的經濟學：無性的雌性勝過有性的個體是因為她們沒有浪費資源製造雄性，幾乎沒花什麼在廉價的精子，而是製造較大的卵子。

染色體和性別

生物的性別通常由成對的染色體決定。多數的哺乳動物有 X 和 Y，雌性是 XX 而雄性是 XY。Y 染色體有控制雄性生殖器官是否發育的基因，因此遺傳一個 X（X0）會變成雌性。果蠅也利用 XX／XY 系統，但是機制不同：性由 X 對體染色體（非性染色體）的比例決定。鳥類利用跟哺乳動物類似、但相反的系統：ZW／ZZ，雌性擁有不同的性染色體。性染色體的演化受到兩性之間的利益衝突驅動：例如雄性希望媽媽投資所有的資源產生下一代，這會造成有利一個性別、不利另一性別的性對抗基因。不同的性共享相同的基因庫，因此這些基因最初都出現在相同的染色體，但誠如羅納德・費雪在 1931 年所說，天擇導致雄性和雌性基因變成連鎖在相同的染色體上。經過一段時間，成對染色體之間的少量互換製造不同的染色體。

這三位演化生態學家也在 2012 年的「性的許多成本」（The Many Costs of Sex）一文中指出，成本不是兩倍，因爲對子代的投資不只在於產生配子。

利益

若要在族群中維持「性」，它的優點就必須比成本更有價值，才能勝過無性的雌性。1887 年，德國的動物學家奧古斯特・魏斯曼表示，有性生殖「或許該被視爲個體變異性的來源，爲天擇的運作提供材料」。遺傳學家後來發現，變異性的產生是因爲突變和重組——成對的母系和父系染色體之間的遺傳物質互換，製造新的基因組合。

1930 年，英國的族群遺傳學家羅納德・費雪（Ronald Fisher）提出，性可經由重組，從不同的親代匯集有益的突變。美國的遺傳學家赫曼・穆勒（Hermann Müller）在 1932 年提到類似的想法，而在 1964 年指出，性也能阻止壞的突變隨時間在 DNA 中累積。若少了重組，「穆勒撐高機」（Müller's ratchet）或許甚至能把一個物種推向滅絕。

有個關於性爲什麼能夠維持的理論，是它提供干擾的好處，這個說法是根據費雪—穆勒假說。重組能將連鎖基因（亦即在相同的染色體上）分開，因此自然界能偵測它們個別的效應。

如果連鎖基因無法被分開，一個基因突變——對於生物的適存度有重大影響的那幾個——會蓋過其他的突變。簡單地說：第一個基因會「干擾」天擇對第二個基因作用的能力。然而，這樣的效應會被染色體互換中斷，使天擇更能夠發揮功效，也讓物種更能夠適應環境。不過這個理論有些問題，例如，重組不只是把好的基因匯集在一起，也會把它們彼此拆散。

另一個關於性的主流理論是抵抗寄生蟲的好處。1978年，約翰·詹尼可（John Jaenike）主張性會製造罕見的基因組合，讓攜帶它們的個體比攜帶常見遺傳變異體的更能抵抗寄生蟲。許多領域的研究都支持抵抗寄生蟲理論。例如，紐西蘭土蝸的族群兼具有性的個體，以及由單性生殖或「處女生殖」生產雌性後代的無性雌性。2009年，尤卡·約凱拉（Jukka Jokela）、馬克·迪布達爾（Mark Dybdahl）和柯帝斯·萊佛利（Curtis Lively）發現，無性生殖的克隆土蝸（在1990年代很常見）變得很容易感染吸蟲，不到十年的時間數量就減少許多。

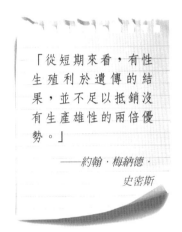

「從短期來看，有性生殖利於遺傳的結果，並不足以抵銷沒有生產雄性的兩倍優勢。」

——約翰·梅納德·史密斯

雖然有少數的爬蟲類、兩棲類和魚類也利用單性生殖，但複雜生命的主要繁殖形式還是有性生殖。估計有99.9%的動物和開花植物物種進行有性生殖，這表示無論有性生殖的原因為何，利益都絕對超過成本。

重點概念
有性生殖創造新的基因組合

07 遺傳

特性根據適用於萬物——從植物到人類——的共同原理,從一代傳遞到下一代。這些遺傳定律的發現,讓我們知道傳遞訊息的是獨立的粒子,也就是我們現在稱為基因的遺傳單位。

　　達爾文在許多方面都是對的,然而就像任何好的科學家一樣,他的知識也有公認的缺口。最明顯的是,他不了解特性如何從親代傳遞到子代。例如,為什麼有些性狀會跳過一代,所以你看起來比較像祖父母而不是父母?誠如達爾文在1859年所寫:「掌管遺傳的定律完全不明。」當時幾乎所有的博物學家,包括達爾文都相信,子代的特徵(例如皮膚或毛髮的顏色)是由親代的特徵混合而成。

　　奧地利裔捷克的神父格雷戈爾‧孟德爾在 1865 年證明,遺傳(inheritance)的混合理論是錯的。在布爾諾自然史學會(Brno Natural History Society)的兩次會議期間,孟德爾提出他用豌豆植株進行長達八年的雜交實驗結果。他和他的助手利用刷子,仔細地將花粉從一株植物移到另一植株(異花授粉)或到同一植株(自花授粉)。

　　孟德爾研究七種特性:植株高矮、花的顏色和位置、豌豆的外型和顏色、豆莢的外型和顏色。最初幾年先進行自花授粉,直到每一代植株都表現相同的特徵。

大事紀

西元 1865	西元 1868	西元 1883
孟德爾提出遺傳定律,認為遺傳單位是獨立的粒子	達爾文對生物訊息的傳遞提出泛生論	魏斯曼描述遺傳的種質論,這是對抗泛生論的證據

之後將這些純種植株進行異花授粉，製造雜交種，然後再彼此交配，孟德爾同時也注意每一步驟帶有各性狀的子代數量。他的觀察結果形成原理的基礎，解釋生物訊息如何被遺傳。

遺傳定律

當孟德爾將不同性狀的純種植株雜交時，子代會像其中一個親代，而不是兩個親代的混合。圓形豌豆和皺皮豌豆的植株雜交，從來都沒有產生半皺的豌豆。事實上，子代通常只遺傳其中一個性狀而不是另外一個。圓形與皺皮的雜交，永遠都產生圓形的豌豆。孟德爾意識到兩個性狀中有一個是顯性，他用大寫和小寫的字母來代表兩者的關係。關於豌豆的形狀，圓形的「R」性狀是「顯性」、皺皮的「r」是「隱性」。

第一子代（F1）的雜交種是由不同的純種植株雜交產生，只出現顯性性狀，像是圓形豌豆。然而，孟德爾將這些 F1 雜交種彼此雜交之後，有些第二子代（F2）雜交種會重新獲得原始純種祖父母的隱性性狀。孟德爾推論，各個特性都是由成對出現的「元素」決定，親代雙方各貢獻一個，在被傳遞到下一代前分開。這就是遺傳的第一個原理：分離律。

計算 F2 雜交種表現各性狀的數量後，孟德爾發現，顯性對上隱性的植株比例永遠都是 3：1。

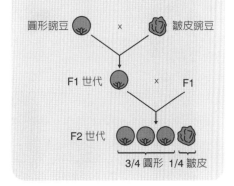

孟德爾的豌豆實驗

將圓形豌豆和皺皮豌豆的純種植株雜交後，所有的子代都是圓形豌豆，因此圓形性狀是顯性。第一子代（F1）雜交種彼此雜交之後，有些第二子代（F2）的植株重獲隱性、皺皮的性狀。由此顯示，控制特性的基因是以獨立的單位遺傳。

圓形豌豆　×　皺皮豌豆

F1 世代　×　F1

F2 世代

3/4 圓形　1/4 皺皮

西元 1900
歐洲的植物學家重新發現孟德爾用豌豆植株進行的實驗

西元 1905
英國的科學家證明遺傳單位可能打破遺傳定律

西元 1909
約翰森使用「基因」來描述指定特性的遺傳單位

這點可由性狀背後的元素是成對遺傳解釋：F2 世代的四種可能配對是「RR」、「Rr」、「Rr」和「rr」，其中四分之三帶有顯性的「R」。雖然「Rr」植株的豌豆是圓形的，但它們也帶有「r」元素，因此如果彼此雜交，它們的子代有可能再次出現「rr」。這也說明為什麼性狀可能跳過一代，讓你擁有更接近祖父母、而非父母的特徵。

孟德爾也研究特性的組合，像是綠色圓形豌豆（都是顯性）的植株與黃色皺皮豌豆（都是隱性）的植株雜交。這些雜交不只生產類似親代的子代，還會創造帶有新性狀組合的雜交種，像是綠色皺皮豌豆和黃色圓形豌豆。這樣的結果意指，當性狀背後的元素分開時，各個特性的元素也保持獨立。這是遺傳的第二個原理：獨立分配律。

人類孟德爾遺傳學

遵循孟德爾遺傳定律的性狀（由帶有顯性或隱性對偶基因的單一基因決定）十分罕見。在人類中，像是眼睛的顏色和捲舌的能力等特性，都曾被認為是孟德爾式性狀，但現在已經知道這些是由多重基因造成。少數的孟德爾式特徵之一是耳垢：控制溼耳垢性狀的對偶基因是顯性、乾的是隱性，兩個對偶基因都是隱性的人才有乾耳垢——這種突變最常見於亞洲人口。另一個孟德爾式性狀是遺傳疾病「囊性纖維化」（肺和消化系統裡的黏液過度增生），成因是 CFTR 基因的隱性突變（譯註：顯性基因突變成隱性基因）。孟德爾式疾病也可能是因為顯性突變（譯註：隱性基因突變成顯性基因），例如亨丁頓舞蹈症（Huntingdon's disease），這是種神經退化的疾病，起因於一個異常的基因拷貝，即使另一個對偶基因正常也會發病。

基因

決定特性的「元素」現在被稱為基因，而不同性狀背後的變異體是「對偶基因」（allele）。成對對偶基因的組合形成個體的基因型（genotype），兩個對偶基因完全相同（「RR」/「rr」）被稱為同型合子基因型，不同（「Rr」）則稱為異型合子基因型。基因活動的結果以表現型（phenotype）展現。孟德爾的實驗證實，遺傳（heredity）的單位是不會混合的獨立粒子，而非混合理論預測的連續變異。現今我們將這些單位稱為「基因」，這個專有名詞是丹麥的植物學家威廉・約翰森（Wilhelm Johannsen）在 1909 年創造出來。

打破定律

孟德爾的研究大都未受注意，直到 1900 年才被重新發現。然而當時的生物學家複製孟德爾的實驗後發現，雖然他的七種特性都產生相同的結果，但其他的特性卻出現背離孟德爾定律的遺傳。例如在 1905 年，英國的遺傳學家威廉・貝特森（William Bateson）、伊迪絲・雷貝嘉・桑德斯（Edith Rebecca Saunders）和瑞吉納・龐尼特（Reginald Punnett）將紫花、長粒花粉的純種豌豆植株和紅花、圓粒花粉的純種豌豆植株雜交。紫色和長粒是顯性性狀，因此第二子代（F2）雜交種應該只有十六分之一是圓粒花粉的紅花，但結果比預期的多了三倍。

這三位英國的研究者指出，花的顏色和花粉形狀不知怎麼結合在一起，由此說明特定的性狀組合為什麼容易在連續幾代中一起出現。後來的重組研究揭開性狀結合的原因：因為基因實際上連鎖在相同的染色體。遺傳學家已經發現孟德爾定律的許多例外，包括等顯性對偶基因，以及由多重基因決定的表現型。不知是故意或是幸運，孟德爾的七種特徵全都遵守他的遺傳定律，但是其他的沒有。然而，雖然單純的「孟德爾式」性狀不多，但遺傳定律還是說明了生物訊息傳遞背後的潛在機制。

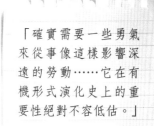

「確實需要一些勇氣來從事像這樣影響深遠的勞動……它在有機形式演化史上的重要性絕對不容低估。」

——格雷戈爾・孟德爾

重點概念
特性是由名為基因的獨立單位遺傳

08 重組

世代之間傳遞的基因，不是完全各自獨立的粒子，而是成直線排列在染色體上。這不只說明特性為什麼能一起遺傳，還讓子代可藉由基因重組（recombination）的置換過程，從親代繼承新的基因組合。

生物作為現代科學的起點，可追溯到一個人、一間實驗室和一個日期：美國的遺傳學家托馬斯·亨特·摩根、哥倫比亞大學的「果蠅室」，以及 1910 年 4 月。摩根想要研究遺傳性狀如何影響動物發展，因此需要一種能快速且規律繁殖的物種。這方面的搜尋全都指向「黑腹果蠅」（*Drosophila melanogaster*），這種生物只要十二天就能產生新的一代。在充斥濃烈香蕉氣味的狹小實驗室裡，摩根和他的學生發現格雷戈爾·孟德爾漏掉的遺傳原理，同時還證實基因位在實體的結構——染色體。

染色體

雖然像細菌這類的原核生物攜帶單一環形的染色體、其餘結構被稱為質體，但真核生物（細胞內有核的有機體）使用的是一條線狀。1923 年，美國的動物學家塞奧菲勒斯·佩因特（Theophilus Painter）計算顯微鏡底下的人類染色體，當時他主張我們人類共有 48 條染色體。然後在 1956 年，蔣有興（Joe Hin Tjio）和亞伯特·李文（Albert Levan）更正為 46 條：1 對性染色體（通常寫成 XX／XY）加上 22 對「體染色體」（autosome）。人類和果蠅都是二倍體，也就是從親代雙方各取一

西元 1878	西元 1902	西元 1910
弗萊明觀察到細胞分裂期間的染色體和染色體分離	博韋里和薩頓提出染色體是實體的遺傳結構	摩根證實基因位在染色體上，使基因能夠連鎖和互換

條配成對；但有些物種是「多倍體」，具有多套的染色體；其他還有的是「單倍體」，只有一套染色體。

華爾瑟・弗萊明在 1878 年觀察到染色體（DNA 和蛋白質組成的結構），並且追蹤染色體在細胞分裂期間的活動。染色體攜帶基因的可能性，是由德國的生物學家西奧多・博韋里（Theodor Boveri）和美國的遺傳學家暨外科醫生沃爾特・薩頓（Walter Sutton）各自提出。博韋里觀察到海膽的胚胎需要染色體才能正常發育。薩頓則追蹤蚱蜢細胞裡的結構如何表現，並且指出精子和卵子攜帶歷經「減少分裂」（減數分裂，參見第 20 章）的成對染色體，這是讓胚胎最後成對的原因。薩頓在 1902 年的研究推斷：「父系染色體和母系染色體的關係是成對的，它們接著在減少分裂期間的分離……或許構成孟德爾遺傳定律的生理基礎。」

連鎖基因

摩根在研究果蠅的期間，希望找到經歷過突然改變——突變——的昆蟲。然而，他前兩年的驗證毫無成果。後來在 1910 年，他發現一隻白眼而非尋常紅眼的雄性果蠅。當這隻突變種跟紅眼雌性交配時，產生的子代全部都是紅眼，意指紅眼對偶基因是顯性而白眼是隱性，遵循孟德爾的遺傳定律。當摩根繼續將紅眼子代雜交後，第二子代也出現預期的孟德爾比例，顯性性狀對隱性性狀是 3：1，但有個重大差異：有些雄性有白眼，但沒有雌性有白眼。

基因圖譜

你該如何精確指出基因位在染色體的哪個位置？摩根的學生之一，亞弗列德・史特曼（Alfred Sturtevant）根據重組對遺傳統計學的影響設計了一個方法：如果兩個基因彼此相鄰，它們之間發生互換的機會幾乎是零；如果兩個基因相隔遙遠，那麼它們被分開的機會就有 50%。新特性的組合會反映這點：如果有個組合永遠都一起遺傳，它的「重組頻率」是 0；如果一半的子代具有不同於親代的新組合，那麼重組頻率就是 50%。史特曼能利用任一對性狀的重組頻率，計算出任一對基因的相對距離。他用老師的名字命名距離的單位——厘摩（CentiMorgan），利用距離單位和可以觀察的表現型效應，將果蠅的所有遺傳性狀在染色體上標註位置。

西元 1913
史特曼利用重組頻率製造基因圖譜

西元 1931
克萊登和麥克林托克觀察到染色體之間的實體互換

西元 1964
羅賓・霍利迪（Robin Holliday）提出交換是在 DNA 交叉處的生化反應

互換

基因位在染色體上。托馬斯‧亨特‧摩根將這樣的實體結構比喻為一串珠子。重組是在製造生殖細胞、將親代性狀的組合分開時，成對染色體之間互換的結果。

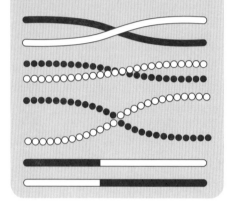

摩根意識到眼睛的顏色跟性連鎖在一起，這是由染色體決定。果蠅是二倍體，具有成對的父系和母系染色體：雄性是 XX、雌性是 XY，另外有三對體染色體。摩根根據遺傳的模式證明，雌性唯有從親代雙方都遺傳性狀才會出現白眼，因此眼睛顏色的基因一定連鎖在 X 染色體。更廣地說，這個結果指出基因位在一個實體結構——染色體遺傳學說。

摩根和他的學生研究特徵（例如眼睛的顏色），發現許多都出現不規則的遺傳模式，對此最好的解釋就是基因位在染色體上：基因可能實際上連鎖在一起。如果兩個基因彼此相鄰，它們一起遺傳的機會很高。如果基因分別位在染色體的兩端（或在不同的染色體），它們就比較可能分開並遵循孟德爾的獨立分離律。當基因被分開時，它們有可能製造親代沒有的新特性組合——重組（recombination）。

互換

重組會發生，是因為成對的「同源」染色體之間實體互換。在減數分裂期間，也就是精子或卵子細胞將成對的遺傳物質分成一半以前，同源染色體並列排好。某一時刻會沿著染色體的結構彼此接觸，在分離之前互換遺傳物質。

1931 年，美國的遺傳學家哈麗特·克萊登（Harriet Creighton）和芭芭拉·麥克林托克（Barbara McClintock）用顯微鏡觀察到玉米細胞在減數分裂期間互換，她們發現這與遺傳性狀的重組一致。

重組製造不同世代間的遺傳多樣性。你的父母從他們的父母繼承基因，但遺傳訊息在給你之前就更動過：當你的父母產生精子或卵子細胞時，來自祖父母的同源 DNA 的配對片段會互相交換，製造出隨機、獨特的性狀組合。

摩根想像這個過程的方法，是把染色體上的基因比喻成珠串上的珠子，然而互換實際上是生化反應，需要把 DNA 剪下和貼上。染色體由兩股 DNA 組成，當剪斷 DNA 時，會在「霍利迪交叉」（Holliday junction）處成長或取代彼此。這幾股 DNA 彼此互補，因此同源重組也讓細胞能利用其中一股當作模板，修復染色體上的斷裂。

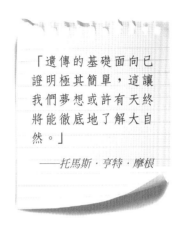

「遺傳的基礎面向已證明極其簡單，這讓我們夢想或許有天終將能徹底地了解大自然。」

——托馬斯·亨特·摩根

開始於哥倫比亞大學果蠅室的重大突破，在 1933 年受到科學界的認可，摩根在當年獲得諾貝爾生理醫學獎。他也同時證明基因這個抽象概念具有實體形式，另外果蠅室在統計學方面的運用，幫助生物學從主要依賴特徵描述的領域，搖身一變成可與化學和物理學匹敵的實驗科學。

重點概念
可以互換遺傳訊息的實體結構

09 突變

多樣性不只是生命的調味，根本可說是主要的原料。多樣性的來源是基因突變，無論有利或有害，DNA 改變產生的多數變異會通過天擇的演化篩選。

達爾文在 1859 年發表《物種起源》過後，演化的過程越來越廣為博物學家接受。不過，雖然許多人相信這本書為「累世修飾」提供最有力的說明，但他們也懷疑達爾文所說的驅動力——天擇——的機制。因此，許多競爭理論在 1880 年代到 1930 年代之間提出，這段期間便以「達爾文主義的衰落」著稱。

其中一個理論是突變論，由荷蘭的植物學家許霍·德弗里斯（Hugo de Vries）提倡，他在重新發現孟德爾的豌豆植株實驗方面占有一席之地。德弗里斯培育月見草超過十三年後，發現了許多不同於純種親代的變異體，數量多到似乎像是新物種的前身。因此德弗里斯提出，物種是以突然躍進（或說「突變」）的方式產生，而不是經由天擇的逐漸改變過程。之後的研究發現，他的變異體植株的染色體重新排列，然而在 1990 年代早期還不清楚變異的成因。

遺傳變異

美國的生物學家托馬斯·亨特·摩根在 1910 年證實基因位在染色體上之後，「突變」一詞就跟基因改變連上關係。遺傳研究的早期進展相當緩慢，因為很少發現自然的突變。

大事紀

西元 1901	西元 1910	西元 1927
德弗里斯對於創造物種提出演化的突變論	自然突變使摩根能證明基因位在染色體上	穆勒證明 X 光可以人為誘發突變

後來是由摩根的前學生——赫曼・穆勒突破這個癥結點，他是第一個人為誘發突變的遺傳學家。1927 年，穆勒讓果蠅的精子照射高劑量的 X 光，製造出一百多種突變體，其中再造像摩根的白眼果蠅這種自然的突變體，也出現帶有新表現型的其他果蠅。穆勒注意到，突變體的基因順序在染色體上重新排列，雖然輻射通常致命或造成不孕，但許多存活下來的果蠅將突變傳遞給下一代。

演化顯然受到遺傳變異的激發，但是到 1930 年代仍有個大問題尚未解決：突變是發生在天擇之前或之後？原則上，選擇不是依據既存的突變行事、就是促發有機體突變。1943 年，生物學家薩爾瓦多・盧瑞亞（Salvador Luria）和馬克斯・德爾布呂克（Max Delbrück）檢驗這些可能的選項（參見右側方框）。他們推斷突變隨時間隨機發生，而不是對天擇的反應。

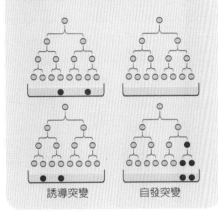

盧瑞亞—德爾布呂克實驗

天擇是依據既存的突變行事，或是它誘發生物突變呢？如果突變先行發生，抵抗病毒的細菌菌落（黑色圈圈）應該隨機分布。如果突變是在之後發生，抵抗性就比較分布不均。薩爾瓦多・盧瑞亞和馬克斯・德布呂克的檢驗指出，突變是自發性的。

誘導突變　　　　自發突變

DNA 改變

基因突變不同於 DNA 損傷的重點是：相對穩定性讓它們能被遺傳。DNA 的這些改變可大可小。在許霍・德弗里斯的月見草植株和摩根的果蠅上看到的重新排列，都屬於染色體的突變，是 DNA 碎片翻轉（倒位）或移動（易位）到另一個染色體的結果。

西元 1942

奧爾巴赫和羅布森利用芥子毒氣，化學性地誘發突變

西元 1943

盧瑞亞和德爾布呂克的實驗指出天擇不會誘發突變

西元 1947

根據霍爾丹的說法，雄性比雌性貢獻更多的演化突變

染色體的一塊區域也可能被刪除或重複，這或許導致基因數量減少或增加的「拷貝數變異」，接著抑制或提升或蛋白質表現量。

若是 DNA 的一個鹼基改變，就會造成「點突變」。雖然微小，但如果遭逢這種突變的是基因，有可能出現巨大的效應。遺傳密碼規定讀取基因要以三個鹼基爲框架，因此增加或減少一個鹼基都會產生「移碼」突變，把指令變得亂七八糟，像是移掉「bat ate bug」的第一個字母會變成「ata teb ug-」。當一個鹼基被另一個鹼基替代時，也可能引發把遺傳密碼轉譯成「終止」的「無義」突變，導致異常的不完全蛋白質。

單一鹼基代替，也可能把遺傳文字的轉譯改變成產生錯誤的胺基酸。有個像這樣的「錯義」突變發生在人類的血紅蛋白基因：疏水分子代替親水分子，造成蛋白質凝結在一起，使得正常的圓形紅血球扭曲成鐮刀形——鐮形血球貧血症。如果基因的兩個拷貝都是這種突變就有害，因爲變形血球的攜氧能力較差，而且會堵塞血管，有可能塞住組織，導致心臟病發或中風。然而這種疾病在對的環境也可能有用：只攜帶一個突變基因的人不會感染瘧疾，因爲寄生蟲無法感染鐮型血球，所以在瘧疾流行的人口中，天擇偏好這種突變。

人類突變率

新的突變有多常見？遺傳學家比較家庭成員的基因序列，發現每代每個鹼基的點突變率是 0.000000012，或說每 830 萬個鹼基中有一個。假設人類的基因組長達 30 多億個鹼基，意思是你除了從父母遺傳獲得獨特的染色體組合，還有 40 個新的突變。只有發生在精子或卵子細胞（生殖系）的突變才會遺傳，若是在身體組織的體細胞就不會。（這就是爲什麼體細胞超突變——抗體基因的 DNA 改變而獲得免疫力——不會從親代傳到子代。）英國的生物學家 J‧B‧S‧霍爾丹在 1947 年提出，演化中雄性貢獻的突變比雌性多，這是所謂的雄性偏向突變。雄性生殖系的突變有三到四倍之多，因爲男性體內的精子細胞不斷分裂，在 DNA 複製期間引發突變。

致突變原

　　自發突變可能被物理、化學或生物的來源觸發。其中一個最常見的是熱。另一個是紫外線光，把鹼基的 C 改變成 T，造成雙股螺旋出現的小瘤。表皮細胞的 DNA 修復機制可以修理這種突變，但患有著色性乾皮症（修復基因缺損的罕見情況）的人有百分之百的機會形成皮膚癌，除非他們沒有曬到太陽。自然的致突變原，例如活性氧類（「自由基」），會經由正常的細胞代謝過程生產和消滅，以此防止 DNA 受損。最出名的化學致突變原是引發癌症的物質（致癌物），第一個被發現的人造致突變原是芥子毒氣。遺傳學家夏綠蒂·奧爾巴赫（Charlotte Auerbach）和 J·M·羅布森（J. M. Robson）在 1942 年發現，這種第一次世界大戰使用的化學武器具有致突變的性質。

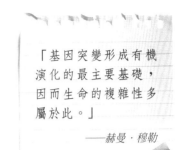

「基因突變形成有機演化的最主要基礎，因而生命的複雜性多屬於此。」

——赫曼·穆勒

　　演化過程中最重要的突變，是由生物和基因寄生體製造。例如，病毒和基因組附近的轉位因子（又稱跳躍基因）的活動，能將 DNA 置換到新的位置。突變也經由 DNA 複製期間的錯誤出現。自發突變是演化的必需品，但也有可能傷害個體，這就是為什麼細胞小心謹慎地利用 DNA 修復來修理改變。

重點概念
DNA 改變是生物變異的來源

10 雙股螺旋

所有細胞都用去氧核糖核酸（DNA）攜帶生物訊息，這種分子完美地擔綱貯存和傳遞遺傳指令的雙重角色。關於這點，最終還是得提一提它形成螺旋的成對兩股——容易複製、也容易修復的結構。

雙股螺旋是生物學的代表性象徵。就像原子一般，它那簡潔美麗的結構相當容易辨認，完全足以代表這門科學。然而，DNA 的扭轉階梯或許看來迷人，但它的化學成分就沒那麼有趣，這也說明爲什麼身爲遺傳物質的它，竟然被忽略了超過 75 年。

瑞士的醫生弗雷德里希·米歇爾（Friedrich Miescher）在 1868 年轉而研究生物化學，他的「微小」目標是發現生命的建構元件。首先他把焦點放在蛋白質，因爲所有的細胞功能都少不了它，而且在細胞質中含量豐富。但是一年過後，他在測試中將膿裡萃取的白血球加入酸，發現溶液凝結出富含磷的化合物。米歇爾發現沉澱來自於核，因此稱它爲「核素」（nuclein）。後來其他人開始研究這個化合物，包括另一個德國人阿布雷希特·科塞爾（Albrecht Kossel）——證明核質有核糖和四個鹼基的生化學家。之後，核質被重新命名爲去氧核糖核酸（deoxyribonucleic acid, DNA）。

蛋白質與核酸（nucleic acid）混合而成的染色體，在 1910 年被證明它攜帶基因。多數生物學家相信蛋白質是遺傳物質，主要是因爲它的建構元件比較多樣和複雜：20 個胺基酸 vs.4 個鹼基。DNA 有點無趣，

大事紀

西元 1869	西元 1944	西元 1949
DNA 或「核素」首次由米歇爾從細胞核分離出來	埃弗里、麥克勞德和麥卡蒂證明 DNA 是遺傳物質	柯爾納和杜爾貝科指出 DNA 在接觸紫外線後會被修復

完全沒辦法讓科學家感到興奮。

解開結構

　　然而到二十世紀中期，有些分子生物學家開始堅信DNA相當重要，包括劍橋大學的美國－英國雙人組詹姆斯・華生和弗朗西斯・克里克。在此同時，倫敦國王學院（King's College London）的莫里斯・威爾金斯（Maurice Wilkin）實驗室裡的羅莎琳・富蘭克林（Rosalind Franklin）用X光照射內含DNA分子的結晶體。1951年，富蘭克林因為繞射光線圖樣得到的影像，開始認為DNA是螺旋形的。後來她改變了心意，但是當威爾金斯把富蘭克林的影像拿給華生看時，華生因此得到啟發。1953年初，因為化學鍵獲得諾貝爾獎的美國化學家萊納斯・鮑林（Linus Pauling）提出三股螺旋。華生和克里克的老闆勞倫斯・布拉格（Lawrence Bragg）長久以來都跟鮑林針鋒相對，所以尋找DNA的結構很快變成一場競賽。

「我們通常擔心正確的結構可能單調乏味……因此雙股螺旋的發現帶給我們的不只是喜悅，更讓我們大大地鬆了口氣。」

——詹姆斯・華生

　　華生和克里克結合他們結晶學和化學的知識，從嘗試錯誤中建立DNA的塑膠模型。克里克意識到兩股可能是反向平行，也就是螺旋以相反的方向扭轉，因此各股螺旋都是帶有鹼基的五碳糖－磷酸骨架，兩股面對面就像是拉鍊的兩排齒。下一步是把DNA的鹼基安裝在兩股之間。1950年，奧地利的生化學家埃爾文・察加夫（Erwin Chargaff）發現，DNA樣本含有等量的腺嘌呤（A）和胸腺嘧啶（T），同時胞嘧啶（C）和鳥糞嘌呤（G）的比例也相等。這項發現——察加夫配對法則——說明兩股螺旋如何結在一起：其中一股的各個鹼基都可以在另一股找到互補的同伴，A和T配對、C和G配對。雙股螺旋的結構就此解開。

西元 1950	西元 1953	西元 1958
DNA有同等比例的A：T和C：G，因此察加夫提出配對法則	華生和克里克揭開遺傳物質的結構是雙股螺旋	馬修・梅瑟生（Matthew Meselson）和富蘭克林・史達（Franklin Stahl）證實DNA複製的半保留性質

遺傳物質

奧斯瓦爾德・埃弗里、科林・麥克勞德和麥克林恩・麥卡蒂在 1944 年提出有力證據，證明攜帶基因的分子是 DNA，而不是蛋白質。回到 1928 年，英國的細菌學家弗雷德里克・格里夫茲證明，致命的肺炎鏈球菌被熱殺死後，殘留物可以把無毒的微生物變成能殺死老鼠的新品系。格里夫茲相信，他的細菌藉由吸收「轉化因子」發生改變。埃弗里、麥克勞德和麥卡蒂組成的加拿大—美國團隊將致命品系的殘留物分成幾份，經由消除過程（利用酵素消化特定分子）證實「轉化因子」是 DNA。1952 年，美國的遺傳學家亞弗雷德・赫希（Alfred Hershey）和瑪莎・蔡斯（Martha Chase）確認 DNA 在遺傳中扮演的角色，作法是證明當細菌被 T2 噬菌體感染時，放射性標記的病毒蛋白質沒有進入細胞，而是病毒的 DNA 進入細胞。生物學家那時已經發現，雖然所有細胞都利用 DNA 作為遺傳物質，但病毒可能利用其他結構的核酸排列，包括雙股的 RNA 和單股的 DNA。

DNA 複製

華生和克里克在 1953 年發表的研究論文「核酸的分子結構」（Molecular structure of nucleic acid），內含一個科學史上最偉大的保守陳述：「我們當然注意到，我們假設的特定鹼基配對，直接指出遺傳物質的可能複製機制。」他們在一個月後發表的第二篇研究論文「去氧核糖核酸結構的遺傳意涵」（Genetic implications of the structure of deoxyribonucleic acid）詳細說明機制：兩股在複製期間分開，各股分別作為模板，製造它先前同伴的複製品。因為新的分子各自保有原始螺旋的其中一股，所以這個過程被稱為「半保留複製」。

分子生物學家現在知道複製的過程相當複雜，而且需要許多酵素，包括 DNA 聚合酶。然而，所有人也都強調雙股螺旋結構為什麼如此適合傳遞遺傳訊息：互補的兩股很容易複製自然的指令。這點解釋了為何在 1953 年 2 月 28 日那天，克里克跑進劍橋當地的一家酒吧，大聲地宣告他和華生發現「生命的秘密」。

DNA 修復

雖然 DNA 是非常穩定的分子，但它貯存遺傳物質的穩定性不是在化學方面，而是因為修理突變的能力。

　　1949 年，美國的微生物學家亞伯特‧柯爾納（Albert Kelner）和羅納托‧杜爾貝科（Renato Dulbecco）各自描述紫外線光的損傷效果。柯爾納研究的是鏈黴菌（*Streptomyces*），而杜爾貝科則探究病毒感染的細菌。他們兩個人都注意到，有機體在照射可見光後，會從紫外線曝曬中恢復，這個過程稱為「酵素的光活化作用」，可以修復雙股螺旋上的小瘤。若非如此，小瘤就會阻礙細胞讀取 DNA 的能力。

　　突變若是沒有修正，在細胞分裂和 DNA 複製時會快速累積，提高基因發生有害改變的可能性。生物每天都會觸發許許多多的隨機 DNA 損傷，幸好有各種 RNA 修復過程，所以只有少數損傷變成永久。「鹼基切除修復」能修理特定鹼基：DNA 醣苷酶藉由翻找鹼基揪出改變，就像急切萬分的牙醫仔細檢查爛牙。期間，「核苷酸修復」一次能修理許多鹼基。

　　DNA 兩股都受傷是細胞的潛在災難，因此得迅速地修理這些突變。非同源性末端接合會修掉一些鹼基，然後把斷裂的兩端黏在一起，這是會留下突變的快速隨性解決之道。重組提供一個比較準確的方法：同源性末端接合，亦即來自成對染色體的 DNA 變成修復的模板。我們由此可以看到雙股螺旋的重大優勢：每一股都可以當成另一股的備份，如果其中一股受損，另一股就能用來恢復任何缺失的遺傳資料。

重點概念
DNA 的結構是為複製和修復而建

11 遺傳密碼

自然的密碼讓細胞將編碼在 DNA 裡的指令，轉譯成蛋白質的語言。雖然這句話通常用來描述我們的基因組成或 DNA，但遺傳密碼確實是一種密碼：有一組規則決定訊息如何從一種形式轉化成另外一種。

基因和蛋白質分別用不同的化學字母寫成。DNA 使用四個「字母」：四種鹼基各是腺嘌呤（A）、胞嘧啶（C）、鳥糞嘌呤（G）和胸腺嘧啶（T）。蛋白質的字母則是 20 種胺基酸。在二十世紀中期，生化學家知道核酸與蛋白質都是從連串的建構元件形成：例如在 1902 年，弗朗茲·賀夫麥斯特（Franz Hofmeister）和赫爾曼·費歇爾（Emil Fischer）各自證實蛋白質含有胺基酸。

華生和克里克證明 DNA 的兩股都是核苷酸（nucleotide）序列、各股攜帶四種鹼基之一後，克里克又提出字母的順序拼寫出蛋白質的胺基酸。這個「序列假說」，因為遺傳密碼——能將基因的語言轉譯成蛋白質字彙的規則——而成為可能。

破解密碼

破解密碼的競賽，從華生和克里克在 1953 年揭開雙股螺旋後就快速展開。起初，科學家不知道生命的密碼文字如何寫出，只知道 DNA 有四個鹼基。如果每個字的長度是兩個字母，那就只有 16（4×4）種組合，不夠用於蛋白質的 20 種胺基酸。他們推測，密碼使用的是三字母文字，這樣就有 64 種（4×4×4）三聯體，這個理論在 1961 年被英國的團隊證實無誤。

知道蛋白質被編碼成非重疊三聯體的「讀碼框」後，下一步是破解各個三字母密碼文字的意義。1954年，物理學家喬治‧伽莫夫（George Gamow）成立「RNA領帶俱樂部」，社團成員是20個對破解基因密碼感興趣的天才，每個人都打著一條胺基酸主題的領帶。雖然華生、克里克和其他幾個諾貝爾獎得主都是俱樂部的成員，但他們並沒有努力破解密碼。

最早拆解出關鍵「文字」的是生化學家馬歇爾‧尼倫伯格（Marshall Nirenberg）和海因里希‧馬特伊（Heinrich Matthaei），他們發現「UUU」三聯體是苯丙胺酸的編碼。到了1966年，尼倫伯格的實驗室以及塞韋羅‧奧喬亞（Severo Ochoa）和哈爾‧葛賓‧科拉納（Har Gobind Khorana）帶領的團隊終於破解全部64種三聯體。

> 「這是其中一個更引人注目的生物化學總結……20種胺基酸和4種鹼基大體上在整個自然界全都相同。」
>
> ——弗朗西斯‧克里克

轉錄

爲什麼蛋白質是從RNA、而不是DNA讀取呢？答案要歸結到如何控制基因：轉錄的過程。方斯華‧賈克柏（François Jacob）和賈克‧莫諾（Jacques Monod）在1961年回答這個問題，他們研究大腸桿菌的「乳糖操縱組」——負責代謝乳糖的三個基因。這些法國的分子生物學家證明，基因受到操縱組上游的DNA序列控制，是根據糖（像是乳糖）的存在與否打開或關掉的遺傳開關。因爲基因在DNA上，而蛋白質是在細胞的細胞質裡製造，所以賈克柏和莫諾提出，製造蛋白質的指令是由中間分子攜帶：核糖核酸（RNA）。RNA通常是單股，使用的是鹼基尿嘧啶（U）而不是胸腺嘧啶（T），不過就攜帶的遺傳訊息，RNA和DNA完全相同。

西元 **1961**
證明需要轉譯的遺傳密碼是由三個字母的三聯體組成

西元 **1961**
尼倫伯格和馬特伊利用合成的RNA破解第一個三聯體密碼

西元 **1966**
科學家破解遺傳密碼的所有64種三聯體

　　轉錄——讀取基因製造 RNA 拷貝——類似 DNA 複製。先由細胞機器（像是 RNA 聚合酶等酵素）將雙股螺旋裂解，因此鹼基的序列能從 DNA 的一股複製到中間分子：信使 RNA（mRNA）。在眞核生物中，mRNA 接著從細胞核被送出。

轉譯

　　克里克根據核酸的可用化學鍵，理解到 DNA／RNA 不太可能作爲製造蛋白質的直接模板，因而提出它們先經由小的轉接分子連上胺基酸。1958 年，美國的科學家馬龍‧霍格蘭（Mahlon Hoagland）和保羅‧詹美尼克（Paul Zamecnik）證明，放射性標記的胺基酸被併入蛋白質前會先附著在 RNA，意思是那個 RNA 在蛋白質合成的期間會帶著胺基酸轉移。接著在 1965 年，生物化學家羅伯特‧霍利（Robert Holley）發現，那個神秘分子的結構類似四葉幸運草的葉子。他的「轉移 RNA」（tRNA）攜帶胺基酸「丙胺酸」，證實克里克的轉接子假說是對的。

　　轉譯的過程是由另一個細胞機器執行：核糖體。一股 mRNA 被拉過核糖體，就像通過印表機的紙張，tRNA 轉接子一次一個附在各個三字母文字或「密碼子」上，利用的是 tRNA 的幸運草結構頂端、與密碼子配對的「反密碼子」三聯體。核糖體將附在 tRNA 的胺基酸結合生成一條長鏈，然後摺疊成 3D 的蛋白質。

簡併性

　　遺傳密碼（genetic code）的三聯體本質讓它有個重要特徵：「簡併性」。就像同義字是意義相似的字，簡併性的意思是幾個密碼子能被轉譯成相同的胺基酸。

中心教條

遺傳訊息只能往特定的方向流動，這就是「分子生物學的中心教條」。弗朗西斯‧克里克在 1956 年概述：「一旦訊息進入了蛋白質，它就無法再次出來」，其中的訊息指的是胺基酸的序列。後來詹姆斯‧華生（雙股螺旋的共同發現者）錯誤地將這個概念簡化成「DNA 製造 RNA 製造蛋白質」而造成混淆。克里克在 1970 年改進中心教條，重新定義三種轉移類型：發生在所有細胞的「一般轉移」，像是 DNA 到 DNA（複製）、DNA 到 RNA（轉錄）、RNA 到蛋白質（轉譯）；「特殊轉移」包括 RNA 到 DNA，是 RNA 病毒利用的「反轉錄」過程；以及「獨特轉移」，把蛋白質訊息轉變成 DNA、RNA 或蛋白質。從蛋白質轉到 DNA 或 RNA 的「回譯」應該不可能發生，因爲訊息由於遺傳密碼的簡併性而遺失，但有個例子是蛋白質之間的有限訊息轉移：普利昂蛋白（參見第 24 章）。

發生這種情況是因爲基因使用 64 種密碼子，而蛋白質使用 20 種文字，所以多數胺基酸是由幾個三聯體編譯（有三種密碼子的作用是「終止」轉譯，所以剩下 61 種密碼子）。簡併性的一個結果是「中心教條」：訊息在轉譯中遺失，例如基因語言對於「貓」和「狗」都有相應的文字，不過蛋白質只認識「寵物」。簡併性意指一個鹼基替代另一個鹼基，並不會改變最後的胺基酸。例如，所有「GG」開頭的密碼子（GGA、GGC、GGG、GGU）都轉譯成「甘胺酸」。製造同義密碼子的鹼基替換是「沉默突變」，但並非永遠無害（參見第 12 章）。

雖然粒線體和某些微生物使用微小變異，但絕大多數的生物都使用標準的遺傳密碼。這並不是偶然，而是天擇的結果。1998 年，演化生物學家史蒂芬・傅利蘭（Stephen Freeland）和勞倫斯・赫斯特（Laurence Hurst）用電腦模擬，以不同的規則產生隨機密碼，然後評估突變的影響。在一百萬個隨機密碼中，只有一個比較能將突變的影響減至最小。

基因的語言

標準的遺傳密碼由 64 個三字母文字或「密碼子」組成，利用的是 DNA 的四個鹼基：A、C、G、T（在 RNA 中 U 取代 T）。各個文字編碼「起始」信號、「終止」信號，或是二十種胺基酸的其中之一。

ATG	起始	TTA、TTG、CTT、CTC、CTA、CTG	白胺酸
GCT、GCC、GCA、GCG	丙胺酸	AAA、AAG	離胺酸
CGT、CGC、CGA、CGG、AGA、AGG	精胺酸	ATG	甲硫胺酸
AAT、AAC	天門冬醯胺	TTT、TTC	苯丙胺酸
GAT、GAC	天門冬胺酸	CCT、CCC、CCA、CCG	脯胺酸
TGT、TGC	半胱胺酸	TCT、TCC、TCA、TCG、AGT、AGC	絲胺酸
CAA、CAG	麩胺醯胺	ACT、ACC、ACA、ACG	蘇胺酸
GAA、GAG	麩胺酸	TGG	色胺酸
GGT、GGC、GGA、GGG	甘胺酸	TAT、TAC	酪胺酸
CAT、CAC	組胺酸	GTT、GTC、GTA、GTG	纈胺酸
ATT、ATC、ATA	異白胺酸	TAA、TGA、TAG	終止

重點概念
將遺傳指令轉譯成蛋白質的規則

12 基因表現

生物特性終究是由自己的基因決定。基因編碼蛋白質決定細胞的特徵，遺傳指令具體指定的不只有蛋白質的序列，還會影響生物的複雜性。

分子生物技術的發明（像是 1927 年的突變誘發），讓科學家得以從生化的層次研究遺傳效應。同時，研究者研究的模式生物也拓廣到實驗室主力——黑腹果蠅——之外。紐約植物園（New York Botanical Garden）的貝爾納·道奇（Bernard Dodge）研究粉色麵包黴菌（*Neurospora crassa*），當他造訪哥倫比亞大學（Columbia University）時告訴托馬斯·亨特·摩根：「這比果蠅更好。」而當摩根在 1928 年搬到加州理工學院（California Institute of Technology）時，還帶著他的黴菌一起過去。

美國的遺傳學家喬治·比德爾和愛德華·塔特姆也了解紅黴菌的潛力。1930 年代在加州理工學院研究果蠅的比德爾，發現黴菌很適合用來觀察新陳代謝——維持生命存活的生化反應——的突變效應。黴菌從食物製造自己的營養，但比德爾和塔特姆在 1941 年用 X 光照射紅黴菌後，發現有些黴菌失去產生像維生素 B6 的能力，只有供給缺乏的營養才能在培養皿中成長。由此證明基因在代謝途徑的特定點上作用，意思是它們製造催化生化反應的酵素。這就是「一基因、一酵素」假說。

大事紀

西元 1941	西元 1961	西元 1961
比德爾和塔特姆的實驗推導出「一基因、一酵素」假說	賈克柏和莫諾證明遺傳開關控制 DNA 轉錄	遺傳密碼由非重疊的三字母密碼文字組成

蛋白質扮演的多種角色遠不只於酵素。在 1960 年代，遺傳密碼讓我們知道 DNA 序列指定蛋白質上的胺基酸組合（多胜肽鏈），因此假說變成「一基因、一蛋白質」。從基因到蛋白質的步驟也已證明，DNA 的指令被轉錄（讀取和複製）到 RNA，然後轉譯（解碼）成蛋白質。但基因表現（gene expression）的過程，還包括其他許多步驟。例如，DNA 可能從染色體上的其他分子解開，而一旦摺疊成 3D 的形狀，一個多胜肽（polypeptide）只會變成一個蛋白質。其中有兩個步驟特別突出，因為它們顯示出基因的關鍵特徵：開關和碎片。

遺傳開關

細胞如何控制何時製造蛋白質？賈克柏和莫諾在 1961 年證明轉錄的基本要點，根據的是負責乳糖代謝的三個相連基因：大腸桿菌的「乳糖操縱組」。這些法國的生物學家證明，現在稱為「轉錄因子」的那個分子自己附著在 DNA 序列，將它們打開或關掉。就乳糖操縱組來說，當乳糖出現時開關會打開，但控制多數基因的是通知轉錄因子結合 DNA 的信號。因為 RNA 很容易被酵素分解，所以賈克柏和莫諾認為它的功用是作為暫時的訊息。

沉默突變

遺傳密碼是「簡併的」，因為 64 種三字母密碼子（密碼文字）只被轉譯成 20 種胺基酸。既然多數的胺基酸是被兩、三種密碼子編譯（例如「GGA」和「GGG」都指定為甘胺酸），那麼一些改變並不會更動蛋白質序列，因此曾有人假設這些突變對有機體的特徵「保持沉默」，天擇也不會發現它們。然而在 1980 年代，理查·格蘭瑟姆（Richard Grantham）和池村淑道（Toshimichi Ikemura）等遺傳學家注意到一些奇怪的事：有些密碼子比較受到偏愛，亦即「AAC」和「AAT」雖然都是天門冬醯胺的編碼，但在大腸桿菌的 DNA 中比較常見到「AAC」。「密碼子使用偏好性」在物種間各有不同，對應 tRNA 分子的豐富度，意指偏好性會增進轉譯。雖然不同物種間的基因比較顯示，演化期間要避免某些 DNA 改變，但幾乎從酵母菌到果蠅的所有生物（除了哺乳動物）都找得到這種模式。到底是怎麼一回事呢？雖然某些密碼子對於蛋白質序列並不重要，但我們現在知道正確的基因表現需要它們。例如，剪接機器需要特定鹼基辨認外顯子。沉默突變甚至有可能在人類身上造成疾病，由此證明它們並不是那麼沉默。

西元 **1977**
羅伯茲和夏普發現斷裂基因，提出 RNA 剪接

西元 **1980**
沒有改變蛋白質序列的突變可能影響基因表現

西元 **2003**
開始執行 ENCODE 計畫，希望辨認人類基因組的所有功能性元素

就像走廊上的省電燈光由按鈕定時器控制，RNA 的短暫性質意味著直接調節蛋白質合成的是 DNA 開關，因為只有 DNA 主動複製到 RNA 時才會製造蛋白質。

真核生物細胞中的轉錄調節更為精細。細菌因為沒有核，所以轉錄和轉譯同時發生。真核生物的遺傳開關也更多。主要的開關（啟動子）就位在轉錄起始處的上游。位於染色體遠處的強化子開關，被附在 DNA 的轉錄因子帶到啟動子附近彼此結合，像是把繩子的兩端捏在一起變成迴圈。轉錄因子促使 RNA 聚合酶將 DNA 轉錄成信使 RNA。

假設生物的特徵由蛋白質決定，或許你預期個體間的差異可歸結到 DNA 的蛋白質編碼序列。然而，這個說法至少在人類身上是錯的：比較沒有親屬關係的兩個人時，他們的編碼序列平均有 99.9% 完全相同。既然如此，那是什麼讓我們獨一無二呢？2003 年，美國國家人類基因組研究所（US National Human Genome Research Institute）開始執行計「DNA 元素百科全書」（ENCODE）計畫，希望確認基因組的所有功能序列，這個計畫發現，遺傳開關是個體間許多變異的原因。改變 DNA 鹼基，會影響轉錄因子附在開關上特定序列的能力，由此反過來影響細胞如何讀取 DNA。因此，基因活動不再是單純的開／關按鍵，而是有一個「旋扭調節器」。

一片片的基因

如果基因決定特徵，那理論上複雜的物種應該有比較多的基因。在 1990 年代，這個推理使許多生物學家預測人類的基因組應該有 10 萬個基因。然而，當 2001 年發表人類的第一張完整 DNA 序列草圖時，我們發現人類的基因組只包含 3 萬個基因，新近的估計更說是僅有 2 萬個基因——跟線蟲差不了太多。不過人體具有 200 種不同、共 37 兆個細胞，然而 1 公釐長的線蟲只有 1000 個細胞。

　　複雜性的祕密藏在斷裂基因裡。幾乎整個二十世紀，摩根的「一串珠子」比喻都影響科學家如何看待基因，也就是染色體上有一個一個的DNA。然而在1977年，理查德‧羅伯茲（Richard Roberts）和菲利普‧夏普（Phillip Sharp）在研究腺病毒的同時，發現當RNA序列從它的DNA轉錄時，DNA的長度比RNA長了許多，由此發現基因是由一片片組合而成。非病毒基因（例如血紅蛋白）的研究證實，細胞也有斷裂基因。一串珠子的模型可能不適用於一條染色體上的基因，但或許能應用在蛋白質編碼序列，其中的基因斷裂成「外顯子」，而外顯子則被長串的「內含子」阻斷。人類的基因平均含有10個內含子，但最長的基因（編碼肌聯蛋白）有363個外顯子。因爲內含子沒有編碼遺傳指令，所以它們在DNA被轉錄成前mRNA（信使RNA前體）時就被移除。這個「RNA剪接」過程，是由包含幾個催化性RNA和數百個蛋白質的「剪接體機器」執行。剪接體在兩個外顯子間形成迴圈，剪去內含子，然後將外顯子連結。這個迴圈或許只有一個內含子，或者有多重片段。

　　就像電影剪接師剪接影片，細胞也能將外顯子剪下、貼上，產生不同的mRNA組合——來自一個基因的多種蛋白質。「選擇性剪接」能產生高度多樣性的蛋白質。例如，果蠅的DSCAM（唐氏綜合徵細胞黏附分子）基因有95個外顯子，可以製造3萬8千種以上的蛋白質。這有助於解釋生物爲什麼不用更多基因，就能更加複雜：線蟲的基因大約有20%被選擇性剪接，而人類的基因有超過90%被編碼成多重蛋白質。

重點概念
DNA 主導蛋白質製造過程的幾個步驟

13 蛋白質摺疊

蛋白質在活體生物中幾乎擔下所有困難的工作，從催化細胞的新陳代謝，到連接身體的各種組織。像這樣的功能，需要胺基酸鏈摺疊成三維的形狀，但發生的過程為何，可說是分子生物學中繼破解基因密碼的競賽後最大的挑戰。

獲得兩個諾貝爾獎的美國化學家萊納斯・鮑林（而且可能成為唯一贏得三次諾貝爾獎的人），在解開 DNA 結構的競賽中擊敗了華生和克里克。他的第一個諾貝爾獎是化學獎（第二個是和平獎），獲獎原因是化學鍵的量子性質以及複合物的結構，例如蛋白質。1948 年在牛津大學擔任客座教授的期間，鮑林因罹患感冒臥床，當時的他很快就看膩了推理小說，於是開始用紙製作分子結構。一小時過後，這位創作天才建構出沿著長鏈每間隔一定距離、由氫鍵結在一起的螺旋。回到加州理工學院後，鮑林立刻開始跟 X 射線結晶學家羅伯特・科瑞（Robert Corey）和物理學家赫曼・布蘭森（Herman Branson）研究證實他的紙模型是對的，他在 1951 年展示了他的發現：α 螺旋。

結構

蛋白質的一級結構是它的胺基酸序列，這條「多胜肽鏈」線圈扭轉成二級結構：α 螺旋、β 摺板或轉角之一。摺疊成三維形狀（三級結構）就形成蛋白質。三級結構可以單獨作用，或形成更為複雜的四級結構，像是血紅蛋白由四個亞基組成。

大事紀

西元 1951	西元 1958～1960	西元 1961
鮑林提出由多胜肽鏈形成的 α 螺旋結構	馬克斯・佩魯茨（Max Perutz）和肯德魯判定肌紅蛋白和血紅蛋白的摺疊結構	安芬森法則指出胺基酸序列編碼蛋白質的 3D 形狀

蛋白質可能是球狀的，形成部分的膜或製造纖維。將細胞結在一起的纖維性結締組織（膠原蛋白），組成大約三分之一的人體。

1958 年，英國的結晶學家約翰·肯德魯（John Kendrew）提出第一個蛋白質的 3D 結構，他得意地呈現形狀如香腸般、長形纏繞的肌紅蛋白，它是肌肉組織裡的攜氧分子。他對它的描述是：「這種排列似乎完全缺少人們直覺預期的那種規則性，它比至今任何一種蛋白質結構理論所預測的都要複雜。」這句話引發生物學家想問幾個問題。胺基酸序列如何編碼結構？是什麼讓蛋白質能如此快速摺疊？此外，能否從序列預測結構？這些問題總和起來，就是著名的蛋白質摺疊問題。

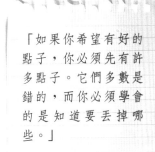

「如果你希望有好的點子，你必須先有許多點子。它們多數是錯的，而你必須學會的是知道要丟掉哪些。」

——萊納斯·鮑林

蛋白質密碼

研究者曾經希望，蛋白質摺疊之謎可以從規則簡單的密碼（類似 DNA 相對兩股間配對的鹼基）得出解答。然而事情不是那麼簡單：蛋白質資料庫（Protein Data Bank）—— 1971 年創建而今擁有十萬個原子級細部結構的線上資料庫——描述有氫鍵、近距離的凡德瓦力、多胜肽骨架偏好的角度，另外還有胺基酸之間的靜電和疏水交互作用。了解這樣的交互作用，或許最終能得出一系列的編碼規則。

1960 年代，美國的生化學家克里斯蒂安·安芬森（Christian Anfinsen）研究一種小的催化性蛋白，名為核糖核酸酶。就像所有的酵素一樣，它的「活性位點」含有跟特定分子交互作用的原子，可以催化化學反應。

新陳代謝

蛋白質在有機體中的功能多元，但它們最重要的角色被認爲是酵素：催化生命背後的代謝反應。新陳代謝包括無數種的生化過程。同化反應涉及建構，像是由糖合成脂肪酸。異化反應需要打破，像是把澱粉消化成糖。編碼酵素的基因若是發生突變會造成疾病，英國的醫師亞契包德‧蓋羅（Archibald Garrod）是第一個證明這點的人。1908 年，蓋羅提出黑尿症（罕見的遺傳疾病，症狀包括黑色尿液和中年時關節疼痛）的成因是「尿黑酸」的化學鍵無法斷裂，這是因爲特定的酵素出現問題。蓋羅之後將先天疾患（例如黑尿症）歸類成「先天性代謝異常」，這是首次將遺傳跟蛋白質連上關係。

當反應物跟活性位點結合時，酵素改變構形（形狀）並釋放產物。1961 年，安芬森改變溶液好讓酵素採行變性（非功能性）的形狀存在後，證實蛋白質能再次摺疊回它的原始構形。安芬森由此提出，產生蛋白質所需的一切訊息，都被編碼在多胜肽裡。誠如他在 1973 年所說：「原始構形取決於總體的原子間交互作用，因此是由胺基酸序列決定。」

現在名爲「安芬森法則」的規則，最初被稱作「熱力學假說」。基本上，蛋白質在摺疊的同時會趨向自由能量最低的狀態，製造熱力穩定的分子。科學家將這個途徑想像成漏斗形狀的「能量圖景」：多胜肽的頂端有空間能探索不同構形，但隨著漏斗變窄、選擇也減少。這能幫助我們想像摺疊的途徑，但並不是自然的過程。

快速摺疊

1969 年，美國的分子生物學家賽勒斯‧利文索爾（Cyrus Levinthal）發表名爲「如何優雅摺疊」（How to Fold Graciously）的演講，內容是關於溫度對酵素的變性和復性有何影響，他對一種理論蛋白質有多少種可能組合，提供粗略的計算。這點強調一個事實：多胜肽鏈理論上可能採行的結構數量相當龐大，然而它幾乎是自發地找到正確的那個，有時僅僅花幾微秒就完成。「利文索爾悖論」的其中一個解答是，局部的二級結構先摺疊（或許甚至跟多胜肽鏈的製造同時），然後再出現總體的摺疊，這樣會大大減少理論上的變異數量。

自 1980 年代起，生物學家也已知道細胞含有「分子伴護蛋白」，幫助引導蛋白質摺疊和再次摺疊。

預測結構

運用電腦演算法從胺基酸序列預測蛋白質的結構，能讓你免去曠日廢時的實驗室工作，加速新藥物和全新蛋白質的發現。有項成就來自於計算生物學家大衛·蕭爾（David Shaw）。2011 年，他的模擬重製了 12 種小蛋白質的摺疊結構，其中有些是較大分子的關鍵部分或「結構域」。雖然解開蛋白質結構和破解遺傳密碼是幾個實驗室之間的競賽，不過蛋白質摺疊的問題卻受到廣泛各界的關注。從 1994 年開始，每隔一年的夏天都會舉行「蛋白質結構預測技術的關鍵測試」（Critical Assessment of protein Structure Prediction, CASP），這個競賽是科學家對 100 多種新發現的胺基酸序列測試他們的軟體。一般大眾也共同參與。例如在電玩遊戲 Foldit 中，玩家若操縱真實蛋白質結構得到更好的結構，就能獲得分數。科學家在 2011 年報告，參與遊戲的人只用三星期就解開病毒蛋白酶的結構，而研究者對於這個酵素已持續研究了 15 年。解決蛋白質摺疊的創新方式？萊納斯·鮑林絕對投贊成一票！

肌紅蛋白

肌紅蛋白是脊椎動物體內的球狀蛋白質。它跟血紅蛋白有關，但是在肌肉組織而非血球裡的攜氧分子。摺疊的蛋白質是由八段 α 螺旋連成環狀製成，中央有富含鐵的「血基質」，就是讓肉呈現紅色的色素。

重點概念
分子生物學的最大問題可能即將獲得解決

14 垃圾 DNA

基因組是指生物的全部 DNA，攜帶所有基因的整組染色體。許多物種（包括人類）的基因組，只有小部分是由蛋白質編碼基因組成。其他的則是非編碼基因，有時被指稱為基因組的神秘「暗物質」。但它們是垃圾嗎？

洋蔥的基因組是人類基因組的五倍——如果你認為複雜的生物應該有更多的 DNA，那麼這美妙的事實可能會讓你嗤之以鼻。事實上，當比較洋蔥和複雜生物的基因組長度時，蔬菜通常獲勝，加拿大的遺傳學家 T·瑞安·格雷戈里（T. Ryan Gregory）把這場比較稱為「洋蔥測試」。這點跟哈佛的醫生 C·A·托馬士（C. A. Thomas）在 1971 年強調的「C 值」有關：生物的基因組大小並沒有反映他的生物複雜性。

DNA 跟複雜性為什麼無關的部分原因是，基因組含有各種數量的無用廢物，或說是「垃圾 DNA」。這個名詞從 1960 年代就開始使用，但是到 1972 年，日本的遺傳學家大野乾（Susumu Ohno）才讓它大大出名。大野認為，如果 DNA 序列的每個字母（鹼基）都有用處，那就無法承擔起有害突變的重擔。他說：「地球上滿布著滅絕物種的化石遺骸，所以我們的基因組充滿著滅絕基因的遺跡也不奇怪！」

自私 DNA

回到 1953 年，美國的遺傳學家芭芭拉·麥克林托克報告，玉米植株的染色體片段在細胞分裂的期間會動來動去。麥克林托克發現的「跳

大事紀

西元 1953	西元 1971	西元 1972
麥克林托克報告轉位因子在玉米基因組裡跳來跳去	托馬士用 C 值悖論描述生物複雜性和 DNA 數量	大野推廣「垃圾」基因的想法，認為突變是基因組的重擔

躍基因」一直不被重視，直到 1960 年代後期，有人在其他的生物中發現它們。

　　幾位重要的科學家在 1980 年指出，複雜生物體內的基因組中，多數的 DNA 是「自私」的，跳躍基因（現在稱為「轉位因子」）是其中一個例子。這種寄生、自私的 DNA，有些片段還能藉由「複製—貼上」或「剪下—貼上」在基因組裡動來動去，但其他就失去這種能力，不過對宿主相當無害。

　　2001 年發表的人類基因組序列草圖顯示，轉位因子構成 45% 的人類 DNA。此外，突變讓古 DNA 序列隨時間越來越難辨認：新近的評估指出，轉位因子組成一半到三分之二的人類基因組。在玉米植株中，數量更接近 90%。這個差異對於解釋洋蔥測試很有幫助。

拷貝數變異

我們不是 99.9% 完全相同。得出這個數字的根據是，將兩個個體（沒有親屬關係）的 DNA 對齊排好，然後計算序列上單一字母改變這類的微小差異。2004 年，李章哲（Charles Lee）和邁克·威格勒（Michael Wigler）各自發現，人類基因組包含重要的拷貝數變異（Copy Number Variation, CNV）：許多 DNA 片段被刪除或複寫。意思是兩個人生命之書的差異不只是一些「拼字錯誤」，而是像缺頁或多頁，或者缺少或增加章節。即使這樣也可能沒有影響，並不會改變特徵或造成疾病。有些 CNV 包含基因。例如，有些人從父母雙方各遺傳一個澱粉酵素基因（編碼消化澱粉的酵素），其他人可能擁有多達 16 個拷貝。2015 年，史蒂芬·謝勒（Stephen Scherer）從多樣種族背景的健康個體身上收集 DNA 序列，用 CNV 註解人類基因組的圖譜。他發現大約有 100 個基因可以完全刪除，不會產生任何不良的後果。人與人之間的差異不是 0.1%，CNV 圖譜讓我們看到的 5～10% 的基因組由 CNV 組成。

非編碼 DNA

　　我們人類的基因組有 32 億個鹼基這麼長。若是用勉強看得到的字體印在紙上，裝訂成百科全書大小的書冊，可以將地板到天花板的大書櫃通通放滿。我們有大約 2 萬個基因（編碼蛋白質的 DNA 序列），但它們只占整個基因組的 1.2%，剩下的 98.8% 被稱為非編碼 DNA。

西元 2001
「人類基因組計畫」發現一半的 DNA 由轉位子組成

西元 2012
DNA 元素百科全書（ENCODE）計畫主張 80% 的人類基因組有生物功能

西元 2015
郭爾和同事根據「選擇—影響」功能將 DNA 分類

基因組的功能

DNA 是由它的「選擇─影響」功能分類。字面 DNA 攜帶訊息，像是蛋白質編碼基因。不分化 DNA 的用處只在於它的存在。垃圾 DNA 既沒有幫助、也不會妨礙。廢物 DNA 則是對生物有害。

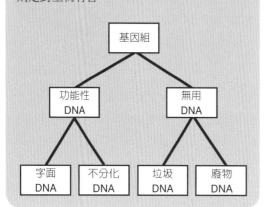

然而，非編碼 DNA 跟垃圾 DNA 是不同的東西。編碼決定 DNA 是否製造蛋白質，但 DNA 是不是「垃圾」，取決於它對攜帶它的生物是否有用。請把基因組想像成廣大的垃圾堆積場。員工開車上班，所以你知道他們停在那裡的車子是有功能或「編碼」的。那麼垃圾堆積場的所有「非編碼」車又如何呢？有些是金屬廢料，另有些能再利用，還有幾台或許根本是能用的車，只是停在那裡而你沒有注意。唯一的區辨方法是檢查每一輛車。關於這點（造物者犯的邏輯錯誤）的另一面想法是，如果你找到一個有用的東西，那麼整個垃圾堆積場都一定有用。

功能性 DNA

DNA 除了有蛋白質編碼基因，也攜帶 RNA 指定基因。我們熟知的 RNA 基因製造用來轉譯遺傳密碼的 tRNA 分子，但有其他許多也被認爲相當重要，因爲 RNA 基因裡的突變會造成疾病。DNA 也有像遺傳開關的控制元件，可以調節基因表現。既然如此，那有多少非編碼 DNA 是有用的呢？科學家無法提出一個公認的數字。

遺傳學家使用的一個方法是，將兩個物種（例如人類和另一種哺乳動物）的基因組對齊排好，計算 DNA 序列有多少隨時間一直被保留下來。這個作法得出 5 到 9%。另一個方法是測量 DNA 如何跟其他分子交互作用。ENCODE（DNA 元素百科全書）計畫就是利用這個方法，極盡全力地辨認功能性 DNA。2012 年，ENCODE 團隊推斷，80% 的基因組有「生物功能」。許多生物學家批評這個主張，因爲它使用的「功能」定義相當鬆散，比較接近「生物活動」而不是 DNA 對生物有用與否。

無害 DNA

大眾、記者，甚至科學家的誤解，終究是因為同義詞的不當使用。垃圾 DNA 是「垃圾」（譯註：「Junk DNA 中譯約定成俗譯為『垃圾 DNA』，但其實意義上比較接近『雜物 DNA』。」出自《生命之源》譯者梅苃芒所寫註釋。），而不是「廢物」或「廚餘」。南非的遺傳學家西德尼·布倫納（Sydney Brenner）在1998年清楚說明這點：「我們保留的無用東西是垃圾，我們丟掉的無用東西是廢物。基因組裡過量的 DNA 是垃圾，它們在那裡是因為它們無害。」

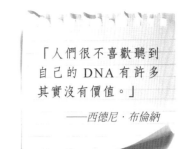

「人們很不喜歡聽到自己的 DNA 有許多其實沒有價值。」

——西德尼·布倫納

2015 年，演化生物學家丹·郭爾（Dan Graur）延伸布倫納的想法，根據 DNA 的「選擇—影響」功能分類，也就是 DNA 的獲得或失去是否對生物的適存度（生存與繁殖）造成影響，因而導致天擇是否「注意」。布倫納的想法產生四種 DNA 類別。「字面 DNA」以字母順序攜帶訊息，因此蛋白質編碼基因、RNA 基因和控制元件都包括在內。「不分化 DNA」的功能性在於是否存在，類似書裡將正文分開的空白頁。「垃圾 DNA」既沒有幫助、也不會妨礙，而「廢物 DNA」則是有害。

生物為什麼不移除垃圾 DNA 呢？因為它對於適存度幾乎沒什麼影響。如果它從無害變成有害，天擇或許會將它移除。如同西德尼·布倫納的解釋：「若是多餘的 DNA 變得不利，就會變成選擇的對象，像是占去太多空間、或開始發臭的垃圾，會立刻被某人的太太當成廢物丟掉，這真是絕妙的達爾文手段。」

重點概念
基因組充滿無害的垃圾

15 表觀遺傳學

雖然多數的生物指令都被編碼在 DNA 序列，但仍有指令是由加在遺傳物質與其蛋白質上的化學標籤攜帶。這些表觀遺傳標記是過去環境和經驗的紀錄，透露出你一生獲得的特性可能如何遺傳而來。

1809 年，法國的博物學家尚－巴蒂斯特·拉馬克提出最早的演化理論之一，他指出環境的改變驅使物種演化。理論到目前為止都沒問題。不過，他也同時主張，身體部位可以透過持續使用增強，忽略則造成逐漸退化，而像這樣在一生中獲得的增進和退化，全都會從親代傳給子代，也就是所謂的「獲得性狀遺傳」。奧古斯特·魏斯曼在 1889 年用實驗證實拉馬克的理論有誤：這位德國的生物學家連續五代、總共切掉 900 多隻老鼠的尾巴，結果發現生下來的子代依然完整無缺。二十世紀的遺傳學家證明，生物指令貯存在 DNA 裡，然而其他遺傳機制的發現，使得拉馬克的想法再被提起。

遺傳的指令

1942 年，英國的生物學家康拉德·哈爾·沃丁頓（Conrad Hal Waddington）指出，發展的神秘機制受到「表觀遺傳學」（epigenetics，希臘文的「遺傳學之上」）控制。科學家都同意這個過程涉及母細胞在分裂期間將指令傳給子細胞，但是對定義卻完全沒有共識。最常見的說法是美國的遺傳學家亞瑟·里格斯（Arthur Riggs）在 1996 年提出，他對表觀遺傳學的定義是：「基因功能中無法由 DNA 序

大事紀

西元 1809	西元 1889	西元 1942
拉馬克在《動物哲學》中提出「獲得性狀遺傳」	魏斯曼的實驗提出證據，反駁拉馬克的「軟式遺傳」	沃丁頓討論發展中的遺傳，提出「表觀遺傳學」這個名詞

列改變解釋的遺傳改變」。

表觀遺傳學的最初靈感，來自哺乳動物的性染色體之間的差異。日本的遺傳學家大野乾在 1959 年研究雌老鼠的同時，觀察到牠們的兩條 X 染色體之一看起來變緊而且濃縮，認為它無法被細胞使用。1961 年，英國的遺傳學家瑪莉・里昂（Mary Lyon）指出，這個現象可能說明老鼠的毛色圖案是由 X 連鎖基因決定。里昂提出一條 X 色體上的基因活動被阻擋，這種「X 染色體失活作用」或「里昂化作用」有助於解釋為什麼帶 XX 染色體的雌性，無法產生兩倍於 XY 雄性的 X 連鎖蛋白質。

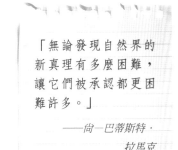

「無論發現自然界的新真理有多麼困難，讓它們被承認都更困難許多。」
——尚－巴蒂斯特・拉馬克

細胞的軟體

細胞就像是電腦的硬體，DNA 是作業系統，而表觀遺傳學提供軟體。多數的表觀遺傳編程由化學修飾或「表觀遺傳標記」組成，使得細胞的基因讀取機器讀不到 DNA 序列。1975 年，亞瑟・里格斯和羅賓・霍利迪各自提出有個編程機制是在 DNA 加上甲基，使基因失去活性。

DNA 甲基化的作用像是張化學毯，蓋住基因的活動。其他的表觀遺傳編程不用修飾遺傳物質本身，就能隱藏基因序列。例如，X 染色體失活作用利用「XIST」基因的非編碼 RNA 分子包覆染色體。另有一個機制修飾名為組織蛋白的巨型蛋白質：DNA 緊密纏繞著組織蛋白，就像捲在多個線軸上的線，整體被稱為染色質。組織蛋白上的表觀遺傳標記使得 DNA 捲繞或鬆開，因此染色質會「關閉」或「打開」，讓基因能被讀取。最後，轉錄因子這種蛋白質結合 DNA 控制開關，藉由打開和關掉基因，決定細胞的特徵和行為。包含轉錄因子的編程，比較接近康拉德・哈爾・沃丁定義的發展期間的「表觀遺傳學」。

西元 1961	西元 1975	西元 2001
里昂提出雌性哺乳動物會使兩條 X 染色體之一失去活性	里格斯和霍利迪提出 DNA 甲基化控制基因表現	研究者證明人類的壽命受到祖父母的食物供給量影響

親代效應

飲食和壓力等環境因子可能觸發改變（星號標示），將化學修飾加在 DNA 或蛋白質上。哺乳動物中，這些表觀遺傳標記可能遺傳好幾世代。懷孕的雌性（左上）身上，有個因子影響牠們的子代（F1），而且——如果胚胎已經攜帶生殖細胞——再下一代（F2）也受到影響。在雄性（右上）中，這個改變被精子的 DNA 傳遞。多數的表觀遺傳標記在發展期間被重編程消除，但仍有些會被保留。

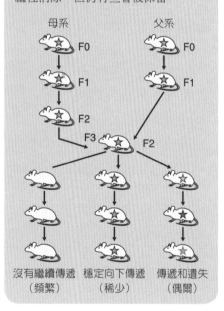

母系　　　　父系

F0　　　　F0

F1　　　　F1

F2

F3　　F2

沒有繼續傳遞　穩定向下傳遞　傳遞和遺失
（頻繁）　　（稀少）　　（偶爾）

表觀遺傳標記可能在重編程的過程中從基因組抹去，留下白板一般的胚胎，讓它的幹細胞能形成任何組織（tissue）。哺乳動物中，標記分兩波消除：受精之後和胚胎發生期間。除了用基因組銘印加在精子和卵子的那些，受精後的重編程抹去多數的標記，類似刪除所有的電腦程式，然後安裝一些基本的應用程式。在胚胎進行的第二波是徹底的消除過程，重新安裝細胞的作業系統，回到原廠設定的機器。

環境暴露

懷孕的媽媽要避免酒精和某些食物等毒素，以免傷害到子宮裡的寶寶，不過年輕父親的抽菸習慣也可能增加兒子的體重。接觸荷爾蒙和壓力這類的因子影響未來小孩的健康，不是因為觸發遺傳變異，而是因為它們替胎兒的 DNA 加上化學標記：「表觀突變」。親代效應甚至會延伸好幾世代，意思是「人如其祖父母食」。在 1944 年荷蘭大飢荒期間，營養不良的懷孕婦女生產的小孩出現葡萄糖耐受不良，而他們的孫子女一出生即帶有過多的體脂肪，往後的一般健康狀況也比較差。從 2001 年開始，拉爾斯・奧洛夫・畢格林（Lars Olov Bygren）和馬可仕・潘姆布瑞（Marcus Pembrey）使用瑞典北部上卡利克斯市（Överkalix）的資料，將壽命和死亡原因跟收成和食物供給量的歷史紀錄做比較。他們發現，男性的死亡率受到爸爸的爸爸在兒童中期的營養影響，而女性的死亡率受到爸爸的媽媽的飲食影響，意思是性染色體和表觀遺傳標記有關。

軟性遺傳

　　長期的表觀遺傳編程在哺乳動物的身上不多，因為幾乎所有化學標記都在胚胎重編程的期間抹去。因此，環境因子造成的親代影響只會持續一或兩代，這是所謂的「代間遺傳」。持續較長的「跨代遺傳」在動物界很稀有，線蟲是罕見的例外：特殊氣味的表觀遺傳銘印可能被傳遞四十幾代。DNA 的永久改變可以被視為「剛性遺傳」，而暫時的表觀遺傳編程則是「軟性遺傳」。

　　軟性遺傳在開花植物中相當常見，因為重編程不多，而且胚胎主要從母系的體細胞形成、而不是重編程過的卵。這樣的表觀遺傳標記也已傳遞了數百年：1744 年，瑞典的博物學家卡爾・林奈描述一種「怪物」金魚草（譯註：實際上指柳穿魚，外觀很像金魚草但花瓣不同，故稱為怪物），但花瓣是輻射對稱而不是兩側對稱，到了 1999 年，植物學家恩里克・科恩（Enrico Coen）發現它是表觀突變造成。這麼說來，拉馬克的獲得性狀遺傳也不見得全然有錯。

基因組銘印

在你出生以前，你的父母在你的 DNA 留下他們的標記：使你部分的基因組失去活性的表觀遺傳銘印。有個例子是第二型類胰島素生長因子（IGF-2），一種會促成大體型兒童的荷爾蒙：遺傳自父親的 IGF2 基因會被表現；遺傳自母親的 IGF2 則被甲基化而不表現。「基因組銘印」的演化，出自雄性與雌性之間在有限資源（如營養）如何用來養育子代的利益衝突：父親希望把一切都用在新的後代身上；而母親偏好將資源平均分配給各個小孩，為將來的孩子存下一些。哺乳動物中，DNA 的監護權之爭已讓各個性別能單獨控制 100 個基因左右，現在這些基因需要用表觀遺傳標記加以銘印，好讓胚胎能夠正常發展。人類當中，來自母系的 IGF2 基因若沒有銘印，就會導致雙倍量的蛋白質，造成貝克威思－威德曼症候群（Beckwith-Wiedemann syndrome）——有健康問題的大型嬰兒，需要剖腹手術才生得出來。

重點概念
DNA 序列並沒有攜帶所有遺傳訊息

16 表現型

基因型——個體的遺傳變異體組合——控制每一個特徵，從看不見的生物化學到外顯的身體大小。然而，基因型的生理表徵——表現型——不完全由 DNA 決定，也受到基因和環境之間的複雜互動影響。

基因跟我們內在和外顯特性之間的關係，常常被過度簡化。我們通常零散地談論「關於」特徵（像是眼睛的顏色）的基因，但實際上多數的性狀其實是由多重基因控制。各個基因也有自己的基因型，亦即變異體或對偶基因的組合，你能從你的父母遺傳不同的版本。成對對偶基因間的關係，往往會阻擋其中之一的表現，因此被阻擋基因就不會影響最終的表現型。另外，還有環境（environment）的影響也需要考慮。

個體變異

天擇無法「看見」基因型，只能根據它對表現型的影響結果決定。1859 年，達爾文將族群中的表現型多樣性稱為「個體變異性」，到了 1930 年代，天擇理論與孟德爾的遺傳學結合成「現代演化綜論」。於是，科學家開始藉由各種基因型或「基因多型性」，研究不同的表現型。然而在 1963 年，生物學家恩斯特·麥爾（Ernst Mayr）表示族群能包含數種表現型，而「表現型之間的差異，並不是遺傳差異的結果」。麥爾將這種變異稱為「多型性」。

大事紀

西元 1859	西元 1865	西元 1930
達爾文在《物種起源》中描述天擇對個體變異的影響	從孟德爾的豌豆植株發現基因型和表現型之間的關係	達爾文的天擇和孟德爾的遺傳學結合成「現代演化綜論」

多型性是環境因子造成。族群中，基因（G）和環境（E）對於特定表現型（P）的變異（V）有何貢獻，可用簡單的等式表示。

$$V_P = V_G + V_E + V_{G \times E}$$

關於特徵（像是豌豆植株的種子顏色），誠如孟德爾的研究，表現型多樣性主要取決於基因變異（V_G）。如果環境（V_E）也參一腳，就會得到多型性。此外，如果有強大的基因—環境交互作用（$V_{G \times E}$），也可能出現不同的表現型。

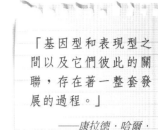

「基因型和表現型之間以及它們彼此的關聯，存在著一整套發展的過程。」

——康拉德·哈爾·沃丁頓

有彈性的表現型

某些特徵很容易受到環境形塑。表現型有彈性或「可塑」，是因為它的基因型對某個範圍的外在條件反應。有些物種的性別由周遭環境決定。以爬蟲類（例如鱷魚和烏龜）為例，這樣的「環境依賴型性別決定」受溫度影響，是種調整性別比例增進交配機會的適應。可塑性能演化成配合可預測的環境改變，像是偏瞳蔽眼蝶（*Bicyclus anynana*），兩種表現型會在不同的世代交替出現，讓成蝶能適應乾燥或潮溼的季節。至於在不可預測的環境中，可塑性能幫助生物開發可用資源：墨西哥鋤足蟾的幼體蝌蚪有兩種表現型，具有不同的下顎、消化系統和食物偏好。

個體的可塑表現型最常在發育期間決定，通常受到整個族群影響。螞蟻、白蟻和蜜蜂的社會裡有工蟻（蜂）和蟻（蜂）后，各自擔任不同的角色，至於誰會發育成誰，根據的是幼蟲階段得到的營養。表現型可塑性也可能決定幾個世代的個體命運，就像沙漠蝗蟲（*Schistocerca gregaria*）的成體有兩種表現型：散居、定著的短翅昆蟲，以及群居、

西元 1942	西元 1963	西元 2000
沃丁頓討論表現型和表觀遺傳學在動物發展中的角色	麥爾對出自單一基因型的數種表現型提出「多型性」名詞	表現型可塑性和表觀遺傳學意指「擴展演化綜論」

遷徙的長翅昆蟲。

要變成哪種表現型，最初的線索是年幼昆蟲的擁擠程度。蝗蟲的後腿被碰觸的頻率，控制變態成其中一種表現型的荷爾蒙。最初的摩擦腿刺激經由另一個線索（卵四周泡沫裡的化學物質），能使遷徙的形式持續幾個世代。DNA 並沒有因此改變，所以表現型是透過表觀遺傳學繼承。

對於個體一生的「生理適應」，表現型可塑性可能很有用處。例如，哺乳動物的毛髮在冬天變厚，而適應性免疫幫助牠們不被病原體再次感染。人類登山者適應氣候而逐漸習慣稀薄的大氣，因為他們的紅血球變得可以攜帶更多的氧。至於構成學習、記憶與行為適應的基礎，是神經細胞之間的彈性連接：突觸可塑性。

環境和演化

1896 年，美國的心理學家詹姆斯・鮑德溫（James Baldwin）指出，個體學習新行為的能力，造就對環境因子敏感的表現型——「鮑德溫效應」（Baldwin effect）。然後在 1942 年，英國的生物學家康拉德・哈爾・沃丁頓提出敏感性可藉由「渠限化」（canalization）降低，緩衝生物特徵在發展期間受環境的影響。沃丁頓也指出，相反的效應讓環境因子影響遺傳的特性，也就是表觀遺傳學。

表現型可塑性如何演化？有個理論涉及遺傳順化：基因型隨時間調整，增強或減弱它對表現型的控制，藉此適應環境的改變。新的表現型經由基因突變或對環境改變的敏感性出現，一旦潛在基因型的效應被天擇「看見」，它就面臨適者生存的問題：如果表現型提高個體的適存度，這些基因會遍及整個族群。

擴展的綜論

根據「現代演化綜論」的說法，環境對生物提出問題，而基因為適應提供解答。簡單地說：環境提問，遺傳學解決。

　　然而越來越多的科學家認爲，就像遺傳學加上天擇產生現代綜論，生物學的中心理論應該也加入基因和環境之間的互動（像是表觀遺傳學和表現型可塑性的現象），創造「擴展演化綜論」。

　　有些備受關注的書推廣這個觀點，但不是所有專家都同意演化論需要更新。有個反對論點是，基因突變製造個體間的多數變異，而表現型是基因型的最終結果，所以驅動演化的終究是基因。反過來說，天擇無法直接看見基因型，只能看到它們對表現型的影響效果，所以你也能說，基因只是被順道拖了進來。基因在演化中是「領導者」或「追隨者」？就像「先天 vs. 後天」，兩個選項或許都是對的。

延伸的表現型

基因的生理表徵往往被解釋爲生物的特性。但《自私的基因》（The Selfish Gene）作者理查·道金斯（Richard Dawkins）相信，表現型也能應用在身體之外、環境之中的特徵。他在 1982 年出版的《延伸的表現型》（The Extended Phenotype）書中提到，因爲建立結構（例如鳥巢或海狸水壩）的能力由基因決定（例如靈巧性），而且會影響個體的適存度，所以天擇也能根據這些「表現型」行動。正如「適者生存」透過基因對生物特徵（例如美麗或力氣）的影響，挑選最佳的基因，所以帶有良好「建水壩基因」的海狸同樣更有可能存活。表現型也可能延伸到其他生物，例如寄生蟲若能改變宿主的行爲而散布自己的基因，就會受到天擇的青睞。誠如演化的基因中心觀點或「自私基因」，「延伸的表現型」也不是一個理論，而是從某個角度探究生命的一種方法。道金斯在《自私的基因》中推廣其他科學家的研究成果，而延伸的表現型概念則是他對演化生物學的貢獻。

重點概念
基因和環境共同決定生理特徵

17 內共生

很久很久以前，有個自由生活的細菌發現自己其實是在宿主細胞內，於是它們便展開了一段終成眷屬的關係。然後，細菌失去自己獨立生存的方式和多數的財產。像這樣美妙的劇情，在真核細胞源起的期間上演了許多次。

真核細胞是個複雜的結構：DNA 被包在細胞核裡，因此細胞分裂需要多重步驟的有絲分裂過程。細胞內含專門負責呼吸的粒線體，色素體則是在光合生物裡。直到二十世紀中期，似乎還不被認為粒線體和色素體是細菌演化而來，之後才出現琳・馬古利斯（Lynn Margulis）支持這樣的理論。1966 年，這位美國的生物學家從生理學（physiology）和生物化學收集證據，證明真核細胞內部的結構和細菌之間有相似性。她的論文「有絲分裂細胞的起源」（The Origin of Mitosing Cells）在被許多科學期刊拒絕後，經過一年終於被《理論生物學期刊》（*The Journal of Theoretical Biology*）接受。向她索取論文抽印本的數量多達 800 份。

內共生理論

雖然細胞內的寄生物（例如病毒）是不受歡迎的入侵者，但內共生（endosymbiosis，希臘文 *endo* 是「內」而 *symbiosis* 是「共同生活」）是一個有機體在另一個體內和平共存。1905 年，研究地衣——真菌和光合微藻或細菌之間的共生（symbiosis）——的俄國生物學家康斯坦丁・梅列施柯夫斯基（Konstantin Mereschkowski）提出，葉綠體是從內共生體演化。

大事紀

西元 1883	西元 1890	西元 1905
席姆佩爾提出植物細胞內的葉綠體來自於微生物	阿爾特曼將粒線體描述為活在細胞內的「基本生物」	梅列施柯夫斯基提出色素體的起源是經由共生關係

　　美國的生物學家伊凡‧瓦林（Ivan Wallin）在 1923 年提到有關粒線體的類似起源。

　　真核生物的某些胞器（例如粒線體和色素體）源自於其他有機體的想法，最早是德國的生物學家提出。在 1883 年的研究中創造「葉綠體」這個名詞的植物學家安德列斯‧席姆佩爾（Andreas Schimper）說到，綠色植物的「起源該歸因於一個無色生物與一個被葉綠素均勻著色的生物結合」。然後在 1890 年，理察‧阿爾特曼（Richard Altmann）注意到，他命名為「原生粒」的結構在大細胞中隨處可見，而且很像細菌，因此提出它們是具有生命機能的「基本生物」。原生粒就是粒線體。

「真核細胞是古代共生的演化結果。」

——琳‧馬古利斯

　　許多特徵都支持粒線體和色素體是從細菌演化的想法。例如，它們有相似的大小和形狀，而且它們的分裂是簡單的二分裂、不是有絲分裂。不過有數十年的時間，內共生都沒有被認真對待。直到 1962 年，生物學家漢斯‧里斯（Hans Ris）和沃爾特‧普勞特（Walter Plaut）用電子顯微鏡研究綠藻屬（*Chlamydomonas*）後，觀點才開始改變。在葉綠體中可以看見染色遺傳物質的染料，而消化 DNA 的酵素會造成顏色消失。瑪吉特‧那斯（Margit Nass）和西爾文‧那斯（Sylvan Nass）在 1963 年使用類似的技術，證明粒線體內神秘的絲狀結構含有 DNA。琳‧馬古利斯在 1967 年發表論文後，接著在 1970 年出版的《真核細胞的起源》（*Origin of Eukaryotic Cells*）書中詳細說明證據。

　　決定性的證據來自基因。1980 年代以前有幾個關於胞器起源的理論，像是細胞膜向內摺疊或核的出芽。這些理論預測，如果胞器是內起源，它們的基因應該比較類似核裡的基因、而不是獨立生存細菌的遺傳物質。1975 年，美國的生化學家琳達‧伯嫩（Linda Bonen）和 W‧福

西元 **1923**
瓦林提出粒線體的起源是經由共生關係

西元 **1967**
馬古利斯收集證據後對胞器的起源提出內共生理論

西元 **1970**
基因比較證實胞器是細菌的後裔

特‧杜立德發現，紅藻（*Porphyridium*）的葉綠體內的遺傳序列，類似名為藍菌（cyanobacteria）的原核生物的遺傳物質。之後的基因比較顯示，粒線體是 α- 變形菌的後裔。

粒線體

在多數（但非全部）的真核細胞中，粒線體透過有氧呼吸利用氧燃燒碳水化合物（carbohydrate），產生攜帶能量的分子 ATP。因為生命樹上的每個真核生物分支都有某種粒線體，所以不同的類型大概都承襲自一個細菌，然後再各自適應宿主的環境。義大利的研究者比較各種變形菌中涉及能量代謝的基因，發現最近的現存親屬是「親甲基醇菌」（methylotroph）：外膜類似粒線體——產生能量之處——內部摺疊的微生物。

根據美國的演化生物學家威廉‧馬丁（William Martin）所說，最初的共生關係讓宿主細胞獲得產生能量的氫，後來的「真核生物的最近共祖」（last eukaryotic common ancestor, LECA）最終產生的能量遠超過原核生物所能製造。馬丁和英國的生化學家尼克‧蓮恩（Nick Lane）認為，這些額外的能量讓真核生物增加基因組中的基因，使它們能建立複雜的細胞。如果這個假設為真，那麼獲得粒線體是邁向真核細胞的重要一步，就在它獲得定義性特徵（細胞核）之前，大約在 15 億年前。

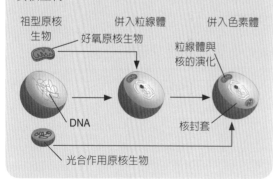

胞器的起源

粒線體是從「真核生物的最近共祖」（LECA）——後來獲得細胞核的較大細胞——吞噬的細菌演化而來。色素體源自於至少兩次的共生事件：一次製造初級色素體，像是綠色植物裡的葉綠體，二級色素體來自吞噬另一個真核生物的真核生物。

祖型原核生物　　併入粒線體　　併入色素體
好氧原核生物　　　　粒線體與核的演化
DNA　　　核封套
光合作用原核生物

色素體

色素體利用色素捕捉光來製造碳水化合物，共有兩種類型：具有兩層膜的初級色素體（包含著名的植物葉綠體），以及三或四層膜的二級色素體。

初級色素體（和粒線體）的雙重膜各自有不同的分子成分：內膜類似細菌的膜；外膜像是真核細胞的表面。這點與藍菌被宿主的膜形成的泡泡吞噬一致，大約在 12 億年前。

初級色素體跟著宿主一起演化成光合作用生命樹的三個分支：淡水藻（灰胞藻門）、紅藻（紅藻門），以及「植物」（綠藻和陸生植物）。因為二級色素體具有三或四層膜，所以它們的源頭，大概是在形成色素體以前被另一個真核生物吞噬的光合作用細胞，額外的膜來自新的宿主。這樣的二級內共生至少發生了三次：綠色植物兩次，紅藻間則是一次以上。

粒線體夏娃

多數的真核細胞含有兩個基因組，一個是在細胞核裡，另一個在粒線體裡（光合作用細胞也有色素體 DNA）。進行有性生殖的物種，精子攜帶雄性細胞核的 DNA，但卵子包含的是雌性的細胞核與粒線體的兩組 DNA。就人類而言，粒線體 DNA（mtDNA）沿著連續的母系從母親傳給女兒。1987 年，遺傳學家艾倫‧威爾森（Allan Wilson）發表一篇指標性的論文，比較來自五個地理族群、共 145 人的 mtDNA，發現他們全都起源於單一個體，大概是 20 萬年前住在非洲的一個女人。媒體將這個人命名為「粒線體夏娃」（威爾森比較喜歡稱她為「幸運的母親」）。粒線體夏娃是今日現存所有人類的最近共同祖先，但不同於聖經裡的夏娃，她不是第一個女人——當時還有其他女人活著，但卻沒有留下任何存活的後代。現今，mtDNA 可用作遺傳檢驗，重構某個人的血統。賦予精子移動性的粒線體能在受精期間進入卵子，但它們通常會被摧毀，因此父系 mtDNA 的遺傳相當罕見。

重點概念
真核細胞內含共生細菌的後裔

18 呼吸作用

細胞「呼吸」產生能量，驅動維持生命的所有代謝反應。在有氧呼吸作用中，氧被用來燃燒碳水化合物，這個過程製造的能量，多到生化學家無法解釋它如何運作——直到彼得‧米切爾提出劃時代的新想法。

有氧呼吸作用有時被描述成輸送氧氣（從空氣或水）到細胞、另一邊排出二氧化碳的生理過程，這個說法結合了氣體交換與循環。然而這樣看待呼吸，可能會忽略呼吸作用的目的，就好像說電池的重點是保持電力滿格。生物呼吸是為了產生能量。呼吸是細胞代謝的過程，自從彼得‧米切爾（Peter Mitchell）在五十幾年前提出「化學滲透」理論後，我們就了解它如何運作。

如同許多演化的想法，化學滲透最初也是由科學界提出。這對古怪的米切爾或許沒什麼意義，因為他很早就離開學術界，在整修位於康瓦爾郡（英國西南部）的房子時建立自己的生化實驗室。然而，他全心投注的心血終於在 1978 年獲得認可，他在那年得到了諾貝爾獎。

產生能量

有氧呼吸作用利用氧燃燒食物，產生攜帶能量的分子 ATP。這個過程（被稱為氧化磷酸化）光是基於反應，就能製造意想不到的大量 ATP。

大事紀

西元 1896	西元 1929	西元 1937
比希納在細胞外進行發酵	羅曼分離出攜帶能量的分子 ATP	克雷布斯發現檸檬酸循環的反應

　　1940 年代，生化學家相信等式必須平衡（名爲化學計量法的技術）。然而，當測量每個氧分子生產的 ATP 比例時，結果竟然出現像 2.5 之類的數——跟預期的整數量並不相容。

　　1929 年，德國的化學家卡爾‧羅曼（Karl Lohmann）從肌肉和肝臟的萃取物分離出三磷酸腺苷（adenosine triphosphate, ATP），它的結構—— DNA 建構元件加上三個磷酸基——是在 1948 年由英國的化學家亞歷山大‧托德（Alexander Todd）證實。從 1929 到 1948 年這段期間，弗里茨‧李普曼（Fritz Lipmann）指出幸虧有「高能磷酸鍵」，讓 ATP 成爲通用的能量載體。催化反應的酵素，作用通常像投幣運作的蛋白質：將 ATP 插入投幣口，然後釋出二磷酸腺苷（adenosine diphosphate, ADP），有時會留下磷酸鹽（phosphate, P）。而收到硬幣（ATP）的蛋白質會執行新陳代謝任務，像是輸送分子穿過細胞膜。使用 ATP 的生化交易，多到讓它得到細胞的「能量貨幣」封號。

　　食物的基礎是碳水化合物（含有碳、氫和氧的分子），消化藉由三種生化途徑，將複合糖、脂肪和蛋白質打斷成簡單的分子，產生攜帶能量的分子，例如 ATP。第一種途徑——糖解作用——出現在細胞質，不需要氧氣。從葡萄糖（六碳糖）開始，最後以兩個丙酮酸（三碳糖）分子結束。在複雜細胞中，粒線體內也出現氧化磷酸化，利用的循環途徑名爲克氏循環（Krebs cycle）〔以漢斯‧克雷布斯（Hans Krebs）命名，他在 1937 年研究出這個反應〕。

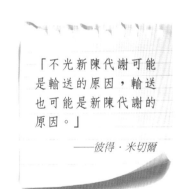

「不光新陳代謝可能是輸送的原因，輸送也可能是新陳代謝的原因。」

——彼得‧米切爾

　　然而，多數的 ATP 是由第三種生化途徑產生：粒線體內膜（或細菌的細胞表面）上的電子傳遞鏈。前兩種途徑有確切的反應和化學計

西元 **1946**
李普曼分離出克氏循環使用的輔酶 A

西元 **1961**
米切爾提出化學滲透耦合理論

西元 **1964**
博耶描述 ATP 合成酶如何改變形狀

無氧呼吸作用

在有氧呼吸作用期間，糖解作用將食物分裂成進入克氏循環的丙酮酸分子，最後產生大量的 ATP。但如果沒有氧氣，糖解作用就必須成為細胞的主要 ATP 來源。這種情況出現在過度使用的肌肉以及厭氧生物中。經由糖解作用製造的丙酮酸變成廢棄產物，轉換成其他分子，像是肌肉裡的乳酸或酵母裡的乙醇和二氧化碳。人類從石器時代以來，一直都在利用後者的無氧過程——發酵——釀酒和烤麵包。十九世紀中期，科學家證明進行發酵的是細胞。例如，法國的微生物學家路易‧巴斯德證明細菌會讓牛奶變酸，並且發展出巴斯德殺菌法。1896 年，德國的化學家愛德華‧比希納（Eduard Buchner）利用酵母細胞的萃取物進行酒精發酵，這是第一次在活細胞外展現複雜的生化過程。古斯塔夫‧恩布登（Gustav Embden）和奧托‧邁爾霍夫（Otto Meyerhof）等研究者接著研究個體反應和各步驟的酵素，因此到了 1940 年就完整地了解糖解作用途徑。期間，邁爾霍夫的實驗室成員卡爾‧羅曼分離出攜帶能量的分子 ATP。

量；1940 年代以前，沒有理由懷疑電子傳遞鏈會有任何不同。

但生化學家被矇騙了：傳遞鏈產生的 ATP 分子通常比預期的少。雖然許多人試圖找出製造額外 ATP 的中間反應，但彼得‧米切爾理解到有氧呼吸作用不只是單純的化學，而是生物學。

質子梯度

電子傳遞鏈需要電子沿著膜穿過一個又一個蛋白質，這個情況在最後的「電子受體」（氧）結束電子鏈以前發生好幾次。這就是有氧呼吸作用需要氧的理由。米切爾提出，輸送分子穿過膜也可能跟製造 ATP 的代謝反應耦合，他指出這個過程類似滲透作用：化學物質的淨流量順著濃度梯度往比較稀的那邊流。在米切爾的「化學滲透耦合理論」中，那個化學物質是氫離子（H^+）。

因此，化學滲透的作用像是水力發電水壩，壓力較高的一側迫使水通過渦輪，捕捉運動產生的能量。在米切爾的理論中，膜上的蛋白質——「水壩」——由電子傳遞鏈提供動力，使它們能把質子打向粒線體的外側，製造「質子動力勢」，有效地將膜轉變成電池。

1965 年，米切爾和珍妮佛‧莫伊爾（Jennifer Moyle）——在他家庭實驗室的唯一同事——測量粒線體內外之間的 pH（H^+ 濃度）差異，證實了這個理論。在此同時，其他的研究者發現系統的「渦輪」——名為 ATP 合成酶的酵素。

化學滲透

膜蛋白由電子傳遞鏈提供動力，讓它們能將質子（氫離子，H^+）從粒線體內部向外輸送。膜內外的質子濃度差異，造成它們隨梯度「向下」（濃度高往濃度低）穿過膜流經 ATP 合成酶，這種分子機器執行代謝反應，產生攜帶能量的分子 ATP。

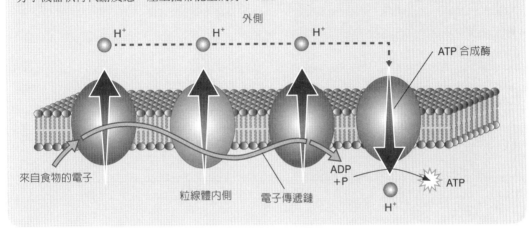

1964 年，美國的生化學家保羅・博耶（Paul Boyer）提出這個酵素藉由改變形狀運作，而在 1994 年，英國的科學家約翰・沃克（John Walker）證實相關的結構。大約在同一時期，其他的研究者證明 ATP 合成酶有一半類似水車：質子流通過水車製造運動。當分子馬達轉動並且改變酵素的形狀時，結合位置會不斷地處於產生 ATP 的催化反應作用。有氧呼吸作用把膜轉變成幸運投幣機：投入一些硬幣（以電子的形式把質子打過去），每次你都會贏得頭獎 ATP。

重點概念
生命的動力來自穿透細胞膜的質子流

19 光合作用

地球上的大多數生命最終是由太陽提供動力，這要感謝利用二氧化碳和陽光製造碳水化合物的生物。他們的光合作用細胞也釋放氧氣——燃燒高能碳水化合物供給新陳代謝能量的必需品。

　　30億年前是化學自營生物的美好時光。厚厚的地球大氣層有二氧化碳等溫室氣體，化學自營生物能捕捉化學反應釋放的能量，製造自己的食物。後來出現第一個光合自營生物。漂浮在海面上、沐浴在陽光下的這些太陽能先驅，從空氣中吸收二氧化碳（CO_2），製造碳水化合物。不過，他們也釋放氧氣。接下來發生的要不是生命史上最偉大的事件、就是比任何大滅絕更糟的自然災害：發生在大約23億年前的「大氧化事件」（或說是「氧化災變」，端看你的觀點為何），所有靠化學反應生存的微生物都在事件中被毀滅。氧是一種善於交際的元素，很容易跟其他的分子形成鍵結，因此對化學自營生物有害。由於競爭對手遭受毒害，所以光合自營生物日益茁壯，逐漸改變空氣的組成，直到今日已有21%是氧氣。光合作用真真切切地改變了整個世界。

碳循環

　　氧氣對於現今地球上的多數生物都極其重要。氧的重要性，被發現它的英國牧師暨化學家約瑟夫‧普利斯特里（Joseph Priestley）證實。普利斯特里在1771年證明，倒置罐中的一小枝薄荷會「恢復被燃燒的蠟燭破壞的空氣」。

西元 1771	西元 1779	西元 1782
普利斯特里證明動物呼吸用掉的空氣會被植物恢復	英格豪斯證明植物的綠色部分在陽光下產生氧氣	瑟訥比埃指出植物吸收二氧化碳和水，產生有機的物質

1779 年，荷蘭的醫師揚・英格豪斯（Jan Ingenhousz）證明綠色的葉子和莖只有照光才會產生氧氣，而在 1782 年，瑞士的牧師暨植物學家尚・瑟訥比埃（Jean Senebier）指出植物吸收二氧化碳和水，產生有機的物質。這些十八世紀的觀察結果，推導出光合作用的基本公式：

$$光 + 2\ H_2O + CO_2 \rightarrow 2O + CH_2O + H_2O$$

方程式中的 CH_2O 代表碳水化合物，亦即高能分子（例如糖），多數生物用它來供給新陳代謝能量。光合自營生物為異營生物（無法自行製造食物的生物）提供碳水化合物，同時在呼吸作用期間釋放二氧化碳。光合作用連同環境過程（像是海洋表面的氣體交換），驅動整個地球的碳循環——有機化合物不斷的建構和破壞。

轉換陽光

光合作用從能量轉換開始，執行這個過程的是光系統：色素、蛋白質，以及捕捉和轉換光子能量的其他分子。核心成分是名為葉綠素的綠色色素，由法國的化學家約瑟夫・比安奈梅・卡芳杜（Joseph Bienaimé Caventou）和皮埃爾—約瑟夫・佩爾蒂埃（Pierre-Joseph Pelletire）在 1817 年分離出來。當光子擊中葉綠體時，葉綠體內的電子吸收能量，使它們能裂解分子。

人工光合作用

誠如梅爾文・卡爾文（Melvin Calvin）所說：「如果你知道如何從太陽能製造化學或電子能量（就像植物做的那樣），……那一定有什麼戲法。」傳統的藍黑色太陽能板是用矽製造，但化學家受到自然的啟發，開發出新的綠色能量來源。1988 年，米夏爾・格雷策爾（Michael Grätzel）和布萊恩・奧里根（Brian O'Regan）發明用二氧化鈦奈米粒子的薄膜做成的光伏電池，他們將薄膜浸泡染料使它對光敏感。這種「染料敏化太陽能電池」模仿植物用葉綠素吸收光子，使用的材料廉價，而且在多雲的狀況也能運作產生電流。化學家還仿效植物用光的能量生產燃料的能力。丹尼爾・諾塞拉（Daniel Nocera）一直在研究把水分裂成氫和氧的「人工樹葉」，同時美國人工光合作用聯合中心（US Joint Center for Artificial Photosynthesis）的奈特・路易斯（Nate Lewis）致力於把碳固定在有機化合物〔如在卡爾文循環（Calvin cycle）中〕，製造像是甲醇的碳基燃料。這些太陽能燃料可用於汽車或其他物體，代替化石燃料作為動力的來源。

西元 1931	西元 1943	西元 1950
科內利斯・凡・尼爾（Cornelis van Niel）對光解作用和氧氣釋放提出化學方程式	埃默生發現同時吸收兩種波長的光能增進光的捕捉	卡爾文和同事發現從二氧化碳合成碳水化合物的循環

然後觸發連鎖反應，其中獲得能量的電子，以「電子傳遞鏈」在一連串的分子間傳遞。傳遞鏈製造 NADPH 和 ATP，這兩種分子之後會釋放能量、貯存在化學鍵中，為合成碳水化合物提供動力。

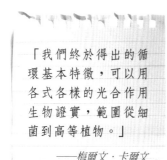

「我們終於得出的循環基本特徵，可以用各式各樣的光合作用生物證實，範圍從細菌到高等植物。」

——梅爾文・卡爾文

既然光系統能重複把光轉換成化學能量，那麼葉綠素裡的電子一定能再補充。達成這項任務的是光解作用（用陽光裂解分子），這是受到謎樣的「放氧複合體」催化的一種反應。就植物而言，電子的來源是水（H_2O），而光解作用生產的氧（O_2）超過呼吸作用所需，因此多餘的氧就被當成廢物釋出。

光合作用的光依賴反應，實際上需要兩個相關的光系統，這是從單細胞綠球藻（*Chlorella*）得到的啟示。1943 年，美國的植物生物學家羅伯特・埃默生（Robert Emerson）發現，光合細胞吸收各種波長的光時，效率在光譜的紅端（680 nm）下降。1957 年，他注意到當生物同時接觸紅光（680 nm）和遠紅光（700 nm）時，光合作用的速率提高。這個現象表示光系統有兩個：電子流向一條傳遞鏈的尾端失去能量，但是在第二個光系統的開始重獲能量。

生產碳水化合物

光系統被嵌在名為類囊體的膜，經過摺疊好讓接觸光的表面區域達到最大。細菌的類囊體是外膜的延伸，但植物和藻類的細胞含有許多葉綠體——專心從事光合作用的膠囊形胞器。

光依賴步驟期間產生的 NADP 和 ATP 分子，被化學鍵釋放的能量分解，製造出碳水化合物。為了日夜都能製造食物，光合細胞需要源源不絕地提供碳。

那麼碳是從哪兒來呢？1945 年，加州大學柏克萊分校的梅爾文‧卡爾文和他帶領的科學家利用放射性同位素碳 -14，追蹤綠球藻在進行光合作用的期間碳經過的路徑。他們發現一個循環的生化反應路徑，不斷地再生相同的碳基化合物，這個過程通常被稱為卡爾文循環。

循環從空氣裡的二氧化碳開始。二氧化碳附在有五個碳原子的單糖〔核酮醣二磷酸（ribulose bisphosphate, RuBP）〕，產生一個不穩定的六碳分子，很快就分裂成兩個 3PG〔3- 磷酸甘油酸（3-phosphoglycerate）〕——一種三碳糖分子。植物細胞將一個 3PG 分子從葉綠體輸送到細胞質，在那裡製造複合式碳水化合物，例如葡萄糖。另一個 3PG 分子經過許多步驟，期間酵素會促使 NADPH 和 ATP 捐出氫和磷酸鹽原子，最終再次產生 RuBP，重新開始循環。在第一個步驟期間，二氧化碳（揮發性氣體）被固定在一個穩定的分子，或稱為「碳固定」。這個步驟受到核酮糖二磷酸羧化酶（ribulose bisphosphate carboxylase, RuBisCO）催化，這種酵素在葉片中占可溶性蛋白質的 30 到 50%，大概是地球上最豐富的蛋白質。

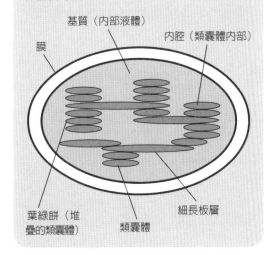

葉綠體

植物細胞含有許多葉綠體，它是進行光合作用反應的胞器。得到的光，在名為類囊體的摺疊膜上轉換成化學能量，碳水化合物則是在基質中生產。

基質（內部液體）

內腔（類囊體內部）

膜

葉綠餅（堆疊的類囊體）

類囊體

細長板層

重點概念
捕捉太陽能製造食物

20 細胞分裂

所有細胞都透過分裂產生。簡單的有機體（像是細菌）可經由二分裂分開，但複雜細胞的分裂因為細胞核與許多染色體變得繁複，意思是細胞分裂會經過多階段的有絲分裂過程。

細胞理論——所有生命都是由細胞組成——的歷史，是十九世紀的科學家竊取或忽略彼此想法的一段歷史。雖然「發現者」的榮耀通常歸功於德國的馬蒂亞斯‧許萊登（Matthias Schleiden）和泰奧多爾‧許旺（Theodor Schwann），但仍有許多人能獲得這個頭銜。例如，波蘭的研究者羅伯特‧雷馬克（Robert Remak）在動物細胞中觀察到分裂，反駁了許萊登和許旺關於細胞從結晶自然形成的看法。

攝影出現以前，生物學家還必須是優秀的藝術家。因為染料（如靛藍染料）能將核的內部結構染色，使利用顯微鏡研究分裂變得比較容易，就像德國的生物學家華爾瑟‧弗萊明（Walther Flemming）在蠑螈細胞的發現。1878 年，他把看到的結構命名為「染色質」，我們現今則稱為「染色體」（chromosome 是拉丁文的「染色的身體」）。幾十年後出現的顯微鏡學，讓生物學家得以看見進行中的分裂，弗萊明因此畫出不同階段的染色體，並且推斷事件發生的順序。他觀察到細胞核不是經歷二分裂，所以在 1880 年將之命名為「間接核生殖」。

弗萊明的精確圖解，收錄在他 1882 年出版的《細胞物質、核與細胞分裂》（*Cell Substance, Nucleus and Cell Division*）。他注意到染色體要不是糊成一團、就是以線狀或「絲狀」出現，這些狀態現在定義了

西元 1838～1839	西元 1848	西元 1878
許萊登和許旺提出的細胞理論指稱生命是從結晶形成	霍夫梅斯特描述有絲分裂的階段和細胞核的解體	弗萊明描述染色體和它們經過有絲分裂的複製

細胞分裂週期的兩個時期：間期，母細胞生長的時期；有絲分裂期，染色體平均分配到兩個子細胞的時期。生物學家後來找出有絲分裂期間的五個不同時期。

有絲分裂

在間期結束完成 DNA 複製後，接著就開始有絲分裂的第一階段——「前期」。鬆散的遺傳物質濃縮產生明顯的染色體，就像一雙條紋圖案的襪子，「姊妹染色單體」（譯註：著絲點連結的並行兩條染色單體，是在細胞分裂間期由同一條染色體複製而成，在細胞分裂的間期、前期、中期成對存在。）的中間相連，形成 X 形的結構。催化濃縮反應的是 DNA 結合蛋白質（例如名符其實的緊縮蛋白），它在染色體周圍形成線圈，讓染色體緊密好幾千倍。

第二階段——「前中期」——以前，有個名為中心體的結構分裂並遷移到細胞的兩極，在這中間形成微管支架（紡錘體）。誠如植物學家威爾漢姆·霍夫梅斯特（Wilhelm Hofmeister）在 1848 年所見，核封套破裂形成小泡或「團塊」，讓染色體能開始附著在微管上。1888 年，西奧多·博韋里（Theodor Boveri）看見染色體沿著紡錘體在中央排成一直排。中途——「中期」——有個短短的暫停，就好像是細胞在放膽進行分裂前先做個深呼吸。

有絲分裂和減數分裂

有絲分裂需要一輪的細胞分裂，而減數分裂則需要兩輪。進行有絲分裂期間，所有的染色體以姊妹染色單體排成一直排，之後被平均分配到子細胞，每個子細胞都帶有成對的染色體（二倍體）。進行減數第一次分裂時，來自各親代的成對同源染色體並列排好，在分離前透過重組交換遺傳物質。進行減數第二次分裂時，染色單體被分開，只留下一組（單倍體）在卵子或精子細胞。

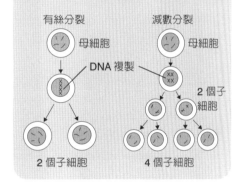

第二階段——「前中期」——以前，有個名

到了「後期」，各染色體的姊妹染色單體像拔河般，穿過紡錘體被拉向相反的兩極。將這些染色單體黏在一起的分子（黏著蛋白），現在被酵素消化。在有絲分裂的最後階段——「末期」，姊妹染色單體各自抵達兩極，紡錘體消失，小泡在兩組染色單體周圍各自重組成核封套，這個階段會去濃縮，也就是解開這雙染色體條紋襪。然後經由名為細胞質分裂的過程，將細胞一分為二。

減數分裂

有性生殖通常是將來自雙親的各一組染色體結合。比利時的動物學家愛德華·凡·貝內登（Edouard van Beneden）是最先理解這跟細胞分裂有什麼關係的人。凡·貝內登在 1883 年研究線蟲（*Ascaris megalocephala*）的受精卵後說道：「每個原核等同具有單一性別特質的半核，這要歸因於它的起源。」我們現在認為，有兩組染色體的細胞是「二倍體」，而配子（精子或卵子）是「單倍體」，只有一組染色體。因此，產生配子需要特殊的分裂。美國的科學家沃爾特·薩頓在 1902 年發現，配子攜帶正常染色體數目的一半。薩頓研究蚱蜢的精子後，推論它們經歷「減少的分裂」。1905 年，英國的生物學家約翰·法瑪爾（John Farmer）和約翰·摩爾（John Moore）將這個過程重新命名為「減數分裂」（譯註：一開始的拼法為 maiosis，後改為 meiosis，由希臘文演變而來，有減量、減少的意思）。

「到目前為止，細胞增殖的模式，只有涉及間接核複製的細胞分裂已被證實。」

——華爾瑟·弗萊明

減數分裂跟有絲分裂的不同處有兩個：減數分裂需要兩輪的分裂，以及染色體分離的方式不同：有絲分裂產生兩個二倍體的細胞，減數分裂製造四個單倍體的配子。在減數分裂的第一輪期間，也就是減數第一次分裂（M-I 期），母系和父系的成對染色體（同源染色體）並列排好、然後分離，不像在有絲分裂中，姊妹染色單體排成一直排、然後分裂——這樣的分裂發生在減數第二次分裂（M-II 期）。薩頓根據減數第一次分裂的並排配對指出，染色體攜帶基因。他也提出細胞沒有分母系這邊和父系那邊，各染色體都是隨機配對，因此可能的遺傳組合數量驚人。

以三對爲例，在中期有 2^3（8）種可能的排列。就人類而言，除去性染色體，還有 2^{22} 或400 萬種以上的組合。

二分裂

如果不需要擔心細胞核或許多染色體，細胞分裂就簡單且快速許多。一顆細胞長大成兩倍，然後一分爲二。在桿菌和其他多數的原核生物中，一旦細胞的長度到達兩倍，就會透過二分裂分開。細菌只有一條附著在外膜的環狀染色體，長度大約到細胞的中間。複製始於雙股螺旋各股的「原點」往兩個方向進行，產生兩個 DNA 環。1991 年，微生物學家爾飛・畢（Erfei Bi）和喬瑟夫・魯特肯豪斯（Joseph Lutkenhaus）證實，名爲 FtsZ（長絲的溫度敏感突變體 Z，Filamenting temperature-sensitive mutant Z）的分子會製造收縮成像包包背帶的「Z- 環」結構——以類似眞核生物中細胞質分裂的方式將細胞分開。

非整倍體

當分裂出錯時，細胞最後可能具有異常的染色體數目，這種狀況被稱爲「非整倍體」。許多物種的體細胞是「二倍體」，有成對的染色體（分別從雙親各遺傳一組），然而細胞分裂的錯誤，可能導致遺失或得到染色體。發生這種情況的一個可能原因是，有條染色體沒有適當地附著在紡錘體上。這條染色體沒有被拉到細胞的相反兩極，然後因爲在細胞核外而實際上「消失」，導致它的基因沒有被讀取。另一個原因是，一對姊妹染色單體可能在減數期間沒有分離，這個現象被稱爲「不分離」。結果可能讓一個配子（精子或卵子細胞）沒有某條染色體的拷貝，所以在受精之後，胚胎只有來自其中一個親代的單一拷貝，這個狀況被稱爲「單染色體」（或單體性）。一個配子也可能攜帶兩個拷貝，意思是最後的胚胎遺傳到三個拷貝，或稱爲「三染色體」（或三體性）。人類的唐氏症（Downs syndrome）是因爲第 21 對染色體出現三染色體，而患有透納氏症（Turner syndrome）的女性則只有一條 X 染色體。在非整倍體中，基因數量的不平衡會產生錯誤的蛋白質「劑量」，擾亂細胞的精細生物化學。

重點概念
細胞分裂因染色體重複而繁複

21 細胞週期

分裂是細胞的生命中最重大的事件。就像父母為嬰兒的誕生預作準備，母細胞也希望在自己分裂成兩個子細胞時，一切都能順利進行。所有的複雜細胞，從出芽酵母菌到藍鯨，都是透過細胞分裂週期達成這點。

細胞的尺寸有限，所以較大的身體代表更多的細胞。地球史上最大的動物——藍鯨——具有幾乎 100 千兆（10^{17}）個細胞，而所有的細胞都來自於單一個受精卵。一個成人由 37 兆（3.7×10^{13}）個細胞組成，其中有好幾十億每天更新。細胞分裂讓錯誤有機可乘，可能失控甚至最後變成癌症。為了讓出錯的可能性達到最低，真核細胞分裂以前會在幾個階段進行檢查。

時期

真核細胞經由分裂而「出生」，當它們分裂時就算「死亡」。這樣的生命週期包含四個時期：G1、S、G2 和 M。每個細胞在第一間隔期（G1）越長越大，DNA 複製發生在合成期（S），第二間隔期（G2）檢查已被複製的遺傳物質，而有絲分裂期（M）將複製的染色體分配到兩個細胞核。接著，一個母細胞分裂成兩個子細胞。一個週期的時間可能幾分鐘或是幾天，端看細胞屬於哪一種。人類的細胞週期平均持續一天，前三個時期（統稱為間期）占去最多時間。有些細胞類型（包括神經元和心肌）從來沒有完成一個週期，而是進入靜止狀態：G0。

大事紀

西元 1965	西元 1970	西元 1970
威廉森證實酵母和多細胞生物有相同的週期	拉奧和強生認為週期的各期之間是單向前進	哈特威爾在出芽酵母菌中發現第一個週期蛋白依賴型激酶（CDK）基因

癌症研究者保圖·拉奧（Potu Rao）和羅伯特·強生（Robert Johnson）在 1970 年證明，細胞在週期中無法逆向。他們先將不同時期的細胞分離，再將它們融合在一起製造混種。當 G1 細胞和 S 細胞結合時，G1 細胞核開始合成 DNA。但是當 G2 細胞和 S 細胞融合時，只有 S 細胞核製造 DNA。由此證明，G2 細胞直到循環經過 M（有絲分裂）時期才進入 S 時期。

週期的時期

細胞分裂週期有四個時期：G1 期跟成長有關、S 期是 DNA 合成、G2 期檢查遺傳物質是否複製，而 M 期（有絲分裂）將複製的染色體分配到兩個細胞核，母細胞分裂成兩個子細胞。有些細胞離開週期，進入靜止狀態：G0。

檢查點

然而，癌細胞的表現並不尋常。1965 年，微生物學家唐納德·威廉森（Donald Williamson）利用放射性標記追蹤麵包酵母菌生長期間的 DNA 合成，證明它的時期跟多細胞體的時期一致，因此單細胞生物能當作研究一般真核細胞週期的範本。阻擋細胞分裂的突變通常會結束生命週期，不過利蘭·哈特威爾（Leland Hartwell）的突變體對溫度敏感，在 25℃(75℉) 正常生長，但是在 36℃(96.8℉) 則不，因此為細胞分裂安上一個開關。不同的突變品系在不同的點停止，所以各突變（及其基因）可能被分配到一個時期。哈特威爾在 1970 年描述了許多基因，但最有趣的是「細胞分裂週期 28」（cell division cycle 28, CDC 28），它有個暱稱叫「起點」，因為它決定細胞是否進入 G1 時期。哈特威爾的研究引發檢查點的構想。

西元 1982	西元 1987	西元 1988
亨特找出細胞週期中濃度會升降的週期蛋白	納斯證明裂殖酵母菌可以將人類的 CDK 基因用於細胞週期	發現成熟促進因子是週期蛋白和 CDK 的組合

讀到哈特威爾的研究後，英國的遺傳學家保羅·納斯（Paul Nurse）也開始對酵母菌產生興趣，因此到愛丁堡大學（Edinburgh University）跟著研究粟酒裂殖酵母（*Schizosaccharomyces pombe*）的動物學家梅鐸·米契森（Murdoch Mitchison）學習。

「或許，有人好奇酵母菌研究者在癌症研究中心做些什麼，並不是沒有道理。」

——保羅·納斯

納斯也發現溫度敏感的品系，包括快速完成細胞週期的突變體。這些酵母菌太早分裂，還不到正常的大小，因此納斯用蘇格蘭的「小」字將它們命名為「wee」變異體。1975 年，納斯證明 CDC2（wee2）基因控制細胞是否通過 G2 到 M 檢查點。

CDC2 對細胞週期相當重要。1982 年，納斯利用名為「跨物種互補」的技術，找出救援通過檢查點能力的基因。他的作法是將不同的 CDC 基因插入改造的 DNA，給它們溫度敏感的突變體，測試接下來是否生長。納斯對照物種和基因後發現，裂殖酵母菌的 CDC2 基因，作用類似出芽酵母菌的 CDC28 基因——控制細胞週期的「起點」基因。令人印象深刻的是，兩者雖然都是單細胞生物，但它們的共同祖先生活在十幾億年前。之後在 1987 年，納斯到倫敦的癌症研究中心工作，利用相同的技術證明人類的 DNA 也能救援突變體酵母菌，由此找出人類的 CDC2。

週期

CDC 基因製造蛋白質，控制是否通過檢查點的進程。如果這些蛋白質一直保持活性，細胞可能會猛烈突破檢查關卡。既然如此，那控制控制者的是什麼呢？1982 年，英國的生化學家蒂姆·亨特（Tim Hunt）研究海膽（*Arbacia punctulata*）的卵，證明有些蛋白質在每個細胞週期的期間被製造出來、然後就會減少。因為這些蛋白質的濃度出現週期性地升高和降低，所以亨特將它們命名為週期蛋白（cyclin），並且提出它們或許跟成熟促進因子（maturation-promoting factor, MPF）——科學家花了二十年試圖尋找的分子——有關。

1988 年，包括保羅・納斯在內的許多研究者發現，捉摸不定的 MPF 是兩種蛋白質的組合：週期蛋白 B 和 CDC2。現今，CDC 蛋白質被稱為週期蛋白依賴型激酶（cyclin-dependent kinase, CDK），而 CDC2 是人類的 CDK1。

激酶是活化其他蛋白質的酵素，作法是為它們加上磷酸鹽，這能解釋「週期蛋白 -CDK」配對如何控制新陳代謝：CDK 改變其他蛋白質的同時，週期蛋白的濃度會高低循環，確保 CDK 不是一直保持活性。例如，週期蛋白 E 的濃度在 G1 期升高，促進 DNA 合成，然後在 S 期下降。

腫瘤抑制蛋白（例如 pRB 和 p53）的預設狀態是活化，能幫助預防癌症，但當狀況看來顯然是要準備細胞分裂時，特定的「週期蛋

癌症控制

異常細胞突破阻擋成長和分裂的關卡，包括細胞週期的檢查點，因此名為「癌症抑制蛋白」的制癌蛋白質會檢查細胞是否應該從一個時期進到下一個時期。有個重要的抑制蛋白是 p53（腫瘤蛋白 53），因為它掃描 DNA 是否受損，所以有個暱稱叫「基因組衛士」。如果偵測到損傷，p53 改變形狀並打開各種基因，包括製造蛋白質修補遺傳物質的基因。它也會打開 p21，抑制許多 CDK 蛋白質的活性，在 G1／S 的檢查點處停止週期。另一個重要的抑制蛋白是 Rb 蛋白質。它的基因在遺傳罕見眼癌（視網膜母細胞瘤）的兒童身上找到，但後來已被證明它能防禦所有腫瘤。當活化的時候，Rb 會附著在名為 E2F 的蛋白質，阻止 E2F 和 DNA 結合，關掉讓細胞通過 G1／S 檢查點的基因（像是 p53）。但如果 CDK 蛋白質活化 Rb，它就無法黏上 E2F，分裂就能往下一期進行。因此，腫瘤抑制蛋白擔任煞車的角色，阻止癌症開過整個細胞週期。倘若 p53、Rb 或週期蛋白和 CDK 基因發生突變，可能因此促發癌症。

白 -CDK」配對會將這些蛋白去活化。酵母菌有一個週期蛋白和一個 CDK，人類則大約各有一打左右。然而，數十億年的演化將這些物種分開，這點證明控制系統早在真核生物歷史的初期就已出現，可以佐證的是，無論出芽酵母菌或是藍鯨，週期對複雜細胞的分裂都極其重要。

重點概念
複雜細胞定期檢查分裂是否順利進行

22 癌症

所有動物大概都為失控的細胞所苦。人類當中，因惡性腫瘤生病的人口占三分之一。根據世界衛生組織的報告，2012 年有 1400 萬個癌症病例，而未來二十年的預計數字會升高七成。

當身體無法控制自己的細胞時，癌症就會出現。癌症可能源起自任何組織，以一群不正常的細胞（腫瘤）出現，四散製造出一百多種特徵類似的不同疾病。癌症的特徵包括：不受控制的生長和分裂、獲得非依賴性和永生，而且能操控組織轉移到全身。

腫瘤是由突變造成，可能是永久的 DNA 改變（基因突變）、也可能是基因組的可逆修飾（表觀遺傳突變）。年齡越大風險越高，因為突變隨時間累積。有些是自發出現，另有些則遺傳得來，但有許多是受到環境因子（致癌物）觸發。引起皮膚黑色素瘤的紫外線光是物理致癌物，而香菸是化學致癌物。美國的病毒學家裴頓·勞斯（Peyton Rous）在 1910 年發現生物致癌物。勞斯從普利茅斯岩石雞身上取出腫瘤，放入其他雞隻，即使過濾腫瘤、移除細胞，癌症還是繼續生長。

生長與分裂

勞斯肉瘤病毒讓我們知道癌細胞為什麼不受控制地生長。1976 年，美國的生物學家米高·畢曉普（Michael Bishop）和哈羅德·瓦慕斯（Harold Varmus）在正常雞隻的細胞中偵測到病毒「Src」〔肉瘤

大事紀

西元 1910	西元 1954	西元 1971
勞斯肉瘤病毒證明生物媒介可以觸發腫瘤	阿米塔吉和多爾對致癌突變提出「雙擊假說」	福克曼分離出會刺激血管形成的腫瘤生成因子

（sarcoma）〕基因，他們指出病毒竊取細胞版本的Src，突變成觸發腫瘤的病毒形式。

兩年後，畢曉普和瓦慕斯在人類和老鼠的身上發現 Src，他們也證明病毒基因編碼「激酶」──活化其他蛋白質的一種蛋白質。1979 年，他們從未受感染的雞隻、鵪鶉、老鼠和人類細胞中分離出 Src 蛋白質。

Src 是「原致癌基因」，換句話說，這種基因突變時會變成「致癌基因」，促成癌症發生。這些基因通常編碼信號通知途徑上的蛋白質，而信號途徑是骨牌般的一連串分子，將身體的指令接替傳遞。細胞表面的受器接收訊息，把信息傳遞到細胞核，改變基因的活動。1980 年代，研究者發現病毒也為了生長因子和配對受器竊取基因，進一步強調信號通知的重要性。例如，在神經膠質母細胞瘤中，腦細胞釋放血小板衍生生長因子刺激自己。若缺少生長信號，癌症就變成自給自足。

分子生物學家的焦點在於感染，而遺傳學家探究的是遺傳的模式。彼得．阿米塔吉（Peter Armitage）和理查．多爾（Richard Doll）在 1954 年研究人口，提出癌症需要至少兩次突變。1971 年，艾弗列德．柯努森（Alfred Knudson）檢驗 48 個眼腫瘤（視網膜母細胞瘤）病例的家族史，他的統計結果支持後來成為「雙擊假說」的說法。

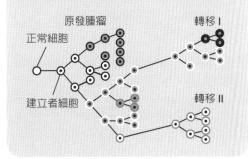

癌症的克隆演化

癌症的發展是個演化的過程。不受控制的增生，始於單一個不正常的細胞，然後製造出一整個克隆族群。有些細胞攜帶的突變能幫助「個體」抵抗環境的挑戰，像是免疫系統、放射線或化學治療的攻擊。存活的細胞繼續繁殖，經過重複幾次的突變和天擇，腫瘤演化出難以擊退的能力。

西元 **1976**
畢曉普和瓦慕斯在正常細胞中偵測到病毒致癌基因「Src」

西元 **1979**
萊文和連恩和發現重要的腫瘤抑制蛋白「p53」

西元 **1988**
沃克斯證明「Bcl-2」讓細胞能在沒有生長因子的情況下存活

「探索癌細胞類似於考古：我們必須從現今的遺骸推斷過去，然而遺骸往往隱密難解。」

——米高·畢曉普

這點可由我們從父母各遺傳一個基因拷貝解釋：罹患視網膜母細胞瘤的兒童得到一個突變的缺陷拷貝，如果正常作用的那個拷貝也發生突變，就會出現癌症。

視網膜母細胞瘤基因（retinoblastoma, Rb）是「腫瘤抑制基因」，可以阻止不受控制的細胞分裂。而最重要的抑制蛋白是 p53（腫瘤蛋白 53），這是阿諾德·萊文（Arnold Levine）和大衛·連恩（David Lane）在 1979 年的發現。暱稱爲「基因組衛士」的 p53 會改變另一個蛋白質—— p21，如果偵測到損傷就終止細胞分裂週期。一半的腫瘤有突變的 p53 基因，使細胞能持續分裂。因此，癌症對抑制生長的信號不敏感。突變的致癌基因像是卡住的油門，突變的腫瘤抑制蛋白則是壞掉的煞車踏板和手煞車，它們聯手讓這輛有缺陷的癌症汽車繼續地橫衝直撞。

非依賴性和永生

當正常的細胞出差錯時，它們自願自殺或「細胞凋亡」。但在許多腫瘤中，突變的 p53 無法阻擋另一個蛋白質（Bcl-2）的活性，Bcl-2 會阻止粒線體通知酵素摧毀細胞，抑制細胞凋亡。1988 年，生物學家大衛·沃克斯（David Vaux）發現，血球中加入 Bcl-2 基因，能幫助它們在沒有生長因子的情況下存活，由此證明存活和生長是分開控制。帶有突變 Bcl-2 的腫瘤，會逃避自殺。

癌細胞也可以永遠活著。正常細胞的分裂次數有限，決定權掌握在「端粒」：染色體末端的非必要 DNA，隨著細胞分裂的次數變短，顯示細胞的年齡並促使細胞停止複製。癌細胞動了整型手術迴避這點：大約 90% 會活化酵素端粒酶，也就是在染色體上增加端粒，矇騙細胞讓它以爲自己的 DNA 比實際年輕。

操控和遷移

植物不會得到癌症。它們可能不正常地生長，但因爲它們的細胞受到細胞壁的限制，所以腫瘤比較難入侵到周圍的組織。

在動物身上，癌症可以操控細胞彈性。美國的外科醫師猶大・福克曼（Judah Folkman）指出，癌症刺激新的血管形成（血管新生），這是通常在身體建構組織或傷口癒合時發生的過程。它們操控氧氣和營養供給，餵食永遠吃不飽的癌細胞。

腫瘤只有從原始點遷移後才變成癌症，從良性變成惡性。這個「轉移」（metastasis，希臘文的「移位」）的過程，從細胞突破基底膜開始。接著擠過微血管壁進入循環，這時可能需要改變形狀（退形性變化）。細胞藉由血流或淋巴系統輸送，逐漸堵塞遠端的微血管。在不友善的新環境活下來的癌細胞，可能入侵周圍的組織，長成轉移性腫瘤。癌症相關的死因有九成是轉移。

傳染性癌症

袋獾面部腫瘤病（devil facial tumour disease, DFTD）是一種可傳染的癌症，會感染袋獾（又名塔斯馬尼亞惡魔）。2012 年，遺傳學家伊麗莎白・默其森（Elizabeth Murchison）發現 DFTD 源自一隻雌性袋獾，然後逐漸累積突變，因此現今寄生性腫瘤品系的 DNA 各不相同，也跟牠們的宿主不同。腫瘤形成的腫塊和損傷會妨礙進食，導致受感染的袋獾餓死，牠們在打架時經由啃咬臉部傳染。此外，狗可能感染犬傳染性生殖道腫瘤（canine transmissible venereal tumor, CTVT），這種性病在症狀出現以前會潛伏幾個月，因此更有可能擴散。經過一萬一千年的演化後，CTVT 已變得較不致命，然而僅有二十年資歷的 DFTD，卻大大減少袋獾的數量，從 1996 年發現第一個病例起已減少八成，很有可能促使物種在 2035 年滅絕。袋獾、狗和敘利亞倉鼠是目前已知唯一會感染癌症的動物，意思是感染性癌症在自然界非常罕見。

重點概念
身體細胞的表現就像自私的生物個體

23 病毒

病毒造成我們知道的最致命疾病，包括愛滋病、流行性感冒和天花，但人類只是受病毒所苦的許多物種之一。這些微小寄生物，絕對是世界上最成功的生命形式，可以感染生命樹上的每個分支，從動物、植物到細菌都逃不過。

若要欣賞病毒，你必須暫時忘記它們是病原體，有時會造成宿主生病或死亡。它們在人類的體內已攀登上聖母峰，而且在深海底也找得到它們的蹤跡。它們是地球上最豐富的生命形式，光是在海裡就估計有 4×10^{30} 個病毒，以超過十比一的比數勝過單細胞海洋微生物。換句話說，我們是活在病毒的星球。

小於細胞

像是天花（*Variola*）這類的大型病毒能用光學顯微鏡看見，但多數的病毒都需要電子顯微鏡才看得到，這種儀器是恩斯特·魯斯卡（Ernst Ruska）在 1930 年代發展出來。1939 年，恩斯特的弟弟、德國的醫生赫爾穆特·魯斯卡（Helmut Ruska）發明「投影」技術——電子束從鍍有重金屬原子（如鈾）的表面回彈，捕捉到第一個病毒的影像，揭開病毒的大小。造影在 1959 年變得更容易，當時的生物學家西德尼·布倫納（Sydney Brenner）和物理學家羅伯特·霍恩（Robert Horne）發展出利用碳和金屬鹽的「負染色」技術。因此我們現在知道，病毒的平均大小不到細菌的百分之一。

病毒的微小性質，首次在幾乎單獨撐起病毒學這個領域的一個物種中顯現。1886 年，德國的科學家阿道夫·麥爾（Adolf Mayer）發現「嵌紋病」，它會在菸草葉上形成斑點。

大事紀

西元 1898	西元 1936	西元 1955
貝耶林克發現菸草嵌紋病毒，證實它會感染分裂中的細胞	皮里和包登純化菸草嵌紋病毒，證明它同時具有蛋白質和 RNA	弗倫克爾－康拉特和威廉斯用病毒的 RNA 和蛋白質製造菸草嵌紋病毒

用紙過濾液體萃取物後，這種病還可以傳給健康的植物，因此麥爾假設它含有病毒。俄國的植物學家德米特里・伊凡諾夫斯基（Dmitri Ivanovsky）利用孔小於一微米（千分之一公釐）的瓷濾器除去植物汁液裡的細胞，但他推斷疾病是由毒素造成。1898 年，荷蘭的微生物學家馬丁努斯・貝耶林克（Martinus Beijerinck）描述許多針對這種神秘疾病的試驗，其中包括乾燥和貯存過濾的汁液。貝耶林克指出，嵌紋病是由未知的病毒——他稱為「傳染性活體流質」——造成，只會感染分裂中的細胞。溫德爾・史坦利（Wendell Stanley）在 1935 年純化出傳染媒介：菸草嵌紋病毒（Tobacco Mosaic Virus, TMV）。美國的生化學家認為他的蛋白質結晶被磷污染，但是一年之後，英國的病毒學家諾曼・皮里（Norman Pirie）和弗德列克・包登（Frederick Bawden）發現「污染物」實際上來自於 RNA。

> 「只有正在生長而細胞正在分裂的植物器官，才有被感染的可能；病毒只在這裡自體繁殖。」
>
> ——馬丁努斯・貝耶林克

病毒體粒子

在發現核酸（DNA 和 RNA）是生命的遺傳物質後，揭開了「病毒體」——個別的病毒粒子——內部的神秘面紗。1955 年，德國的生化學家海因茨・弗倫克爾—康拉特（Heinz Fraenkel-Conrat）和美國的生物物理學家羅布利・威廉斯（Robley William）證明，混合病毒的 RNA 和一點蛋白質就足以製造菸草嵌紋病毒。同年，英國的結晶學家羅莎琳・富蘭克林——她的 X 射線結晶影像幫助揭開 DNA 的雙股螺旋——發現，菸草嵌紋病毒是桿狀的。然後在 1956 年，富蘭克林證實中空桿狀如何包含 RNA。同一時期，德國的生物物理學家阿弗雷德・基爾（Alfred Gierer）和格爾哈德・舒拉姆（Gerhard Schramm）證明 RNA 有傳染性，意指 RNA 是菸草嵌紋病毒的遺傳物質。而在 1962

西元 1956	西元 1962	西元 1970
基爾和舒拉姆證實菸草嵌紋病毒的 RNA 分子有傳染性	尼倫伯格和馬特伊證實病毒的 RNA 具有蛋白質編碼基因	特明和巴爾地摩發現 HIV 這類病毒利用的「反轉錄酶」

病毒的起源

病毒如何出現？關於這個問題有三個想法。根據「逃離」假說，它們是來自宿主基因組中的「自私」元素，後來獲得在細胞間移動的能力。這種情況需要基因編碼酵素、將 DNA 剪下貼上，像是在哺乳動物基因組出現的反轉錄轉位子。原始病毒逐漸獲得更多特徵，最後成為像 HIV 的病毒。第二個假說是「簡化」，獨立生存的細胞退化成寄生物。支持這個想法的是巨型病毒，例如擬菌病毒和潘朵發病毒，這類病毒的大小接近 1 微米，具有類似寄生細菌（例如立克次體）的特徵。最後是「病毒優先」假說，意指從大約 35 億年前出現生命、也就是「RNA 世界」期間（參見第 4 章），細胞生物和病毒就已經共同存在。這種起源的活化石大概是類病毒，由單股 RNA 組成的病毒般實體，主要是植物病原體。根據病毒的多樣性，三種假說大概可以同時成立，因此病毒的起源可能不只一種。

年，分子生物學家馬歇爾・尼倫伯格（Marshall Nirenberg）和海因里希・馬特伊（Heinrich Matthaei）證明，在試管中將病毒的 RNA 加入細胞內含物會產生蛋白質，證實 RNA 具有蛋白質編碼基因。

病毒體有兩或三個部分：基因組、外殼，有時最外還有一層包膜。這些全都竊取自宿主細胞的分子。遺傳訊息由核酸（DNA 或 RNA）攜帶，而外殼或稱「衣殼」由蛋白質製成，或許是二十面體的結構（如造成普通感冒的鼻病毒）、或桿狀螺旋（如菸草嵌紋病毒）。人類免疫缺乏病毒（Human Immunodeficiency Virus, HIV）和其他許多病毒還有利用宿主細胞的膜或細胞核製成的包膜，這種嵌有蛋白質的脂質封套，使它們具備入侵的能力。

感染

病毒是細胞內寄生物，利用宿主的細胞機器進行複製。當病毒抵達細胞時，衣殼或封套上的蛋白質附在細胞膜上的受器，解開大門的門鎖。感染的能力視配對的分子而定，因此 HIV 只能入侵攜帶 CD4 受器的白血球。接觸到 HIV 這類病毒時，細胞膜跟病毒的封套融合，讓衣殼能夠穿透進入。如果細胞有細胞壁，衣殼或許經由孔洞入侵。病毒體可能包含分解衣殼的酵素，這個過程稱為「脫殼」。脫殼之後，裸露的病毒基因組接著將細胞改造成病毒製造工廠。

複製隨病毒的基因組而改變，有正、有負；有單股、有雙股；有些是 DNA、有些是 RNA。無論哪種組合都會複製遺傳物質，利用細胞的

基因表現機器製造蛋白質，但有些病毒也帶有特殊的酵素。1970年，美國的遺傳學家霍華德·特明（Howard Temin）和戴維·巴爾地摩（David Baltimore）各自發現，RNA 腫瘤病毒的病毒體攜帶一種酵素——「反轉錄酶」，能讀取單股 RNA 並將之拷貝、變回雙股 DNA，這種過程不會在正常細胞出現。

HIV 會產生反轉錄酶，也會生產另一種酵素——「整合酶」，能將自己從 RNA 拷貝的 DNA 插入人類的基因組，製造原病毒，持續潛伏好幾年後造成後天免疫缺乏症候群（又名愛滋病）（Acquired Immune Deficiency Syndrome, AIDS）。

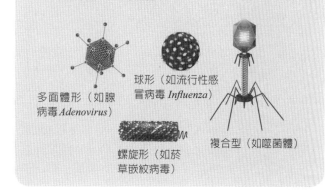

病毒體結構

病毒體（個別的病毒）的基因組被蛋白質組成的外殼或稱「衣殼」包住，有兩種主要的形式。螺旋結構是桿狀（如菸草嵌紋病毒），或形成彈性絲狀（如伊波拉病毒）。二十面體的結構（包括許多鼻病毒）類似橄欖球，而噬菌體結合了二十面體的頭、螺旋形的尾巴和「腳」。T4 噬菌體針筒般的尾巴，能將基因組注入宿主——大腸桿菌——的細胞壁。

多面體形（如腺病毒Adenovirus）

球形（如流行性感冒病毒 Influenza）

螺旋形（如菸草嵌紋病毒）

複合型（如噬菌體）

疾病

有些病毒在將自己的 DNA 插入基因組時觸發突變（像是致癌病毒），但其他病毒不太會造成直接傷害，而是在細胞分裂時休眠或從細胞的外膜出芽（像是 HIV）。然而，許多病毒會不斷複製，直到它們的病毒體造成細胞破裂或「溶解」，不只威脅多細胞生物的性命，也造成單細胞微生物的死亡。但只有在宿主的生存或繁殖能力降低時，寄生物才造成嚴重的問題。普通感冒——兩百多種不同的病毒造成的上呼吸道病毒感染症狀——並不致命，然而你在恢復期間已經幫忙散布。

重點概念
寄生生命利用宿主細胞自我複製

24 普利昂蛋白

普利昂蛋白造成哺乳動物的感染性腦部疾病。與病毒之類的傳染媒介不同，它們跟核酸無關，它們只是蛋白質。它們不是活的，所以無法殺死，而且也很難破壞，因此目前沒有已知的療法。然而，普利昂蛋白並非一無是處。

1957 年，巴布亞紐幾內亞（Papua New Guinea）的高地：有種神秘的疾病在法雷部落（Fore tribe）蔓延開來。罹病者無法站立，而且會不由自主地笑和無法控制地顫抖。當地人稱之為「庫魯病」（kuru，即「抖動」的意思）。地方的軍醫文生·齊葛思（Vincent Zigas）和哈佛的醫生卡爾頓·蓋杜謝克（Carleton Gajdusek）找不出原因。即使排除飲食和環境的毒素，庫魯病在家族中還是比較常見（這是遺傳疾病嗎？），而抖動代表是一種腦部疾病。雖然沒有發炎，但蓋杜謝克懷疑是病毒腦炎。後來他把樣品寄回家鄉。

海綿狀腦部

在顯微鏡底下，庫魯病患的組織切片充滿空洞，讓腦看起來像是海綿。專長為病理學的獸醫威廉·哈洛德（William Hadlow）在 1959 年看過展覽的影像後，注意到它跟綿羊搔癢病很像，這是種造成綿羊死亡的疾病，產生的症狀包括搔癢、身體不協調和麻痺。綿羊搔癢病在十八世紀發現，而到二十世紀才開始研究，當時的科學家證實它可能被傳到山羊和老鼠身上。

綿羊搔癢病和庫魯病都是可傳播的海綿狀腦病變。1986 年發現的另外一個例子是英國牛的流行病——牛海綿腦狀病變（bovine

大事紀

spongiform encephalopathy, BSE）或叫「狂牛症」，起因是受到綿羊搔癢病污染的肉骨粉。

人類當中則有庫賈氏病（Creutzfeldt-Jakob Disease, CJD），依據發生的病因可分為散發型賈庫（sCJD）氏病、經由醫療污染的醫源型賈庫氏病（iCJD），或是從遺傳突變而來的遺傳型賈庫氏病（fCJD）。第四種類型在 1996 年出現：新型賈庫氏病（vCJD），因為食用感染 BSE 的牛肉造成。庫魯病的神秘之處實際上已在十幾年前解開，從 BSE 和 vCJD 可以看出原因：法雷部落有悼念死者的食人儀式，會把過世的親人烹煮後吃掉。自從結束這個傳統後，庫魯病也不再蔓延。

> 「我曾預期……是個小型病毒，而當資料不斷顯示我們的標本含有蛋白質卻沒有核酸時，我感到相當困惑。」
>
> ——史丹利・布魯希納

慢性病毒

1960 年代，卡爾頓・蓋杜謝克和喬・吉布斯（Joe Gibbs）的實驗證明，庫魯病的感染和症狀發作之間有很長的潛伏期，對此他們以謎樣的「慢性病毒」解釋。綿羊搔癢病的研究者也相信病原體是病毒，而且這種病毒相當難以破壞，即使用甲醛處理仍然能造成疾病。這種感染媒介也可以抵抗通常有效的治療，例如加熱和 UV 輻射。

然後到 1972 年，史丹利・布魯希納（Stanley Prusiner）開始在加州大學舊金山分校的神經科當住院醫師。他在那裡用倉鼠研究賈庫氏病，分離出疾病背後的「慢性病毒」。然而，他一直無法偵測到任何遺傳物質，只找得到蛋白質。1982 年，布魯希納提出一個爭議性的說法，他認為造成綿羊搔癢病的是「小的蛋白質感染顆粒，可以抵抗修改核酸的多數程序。」不久之後，「蛋白質感染顆粒」（proteinaceous infectious particle）被縮短成「普利昂」（prion）。

西元 1986	西元 1999	西元 2003
英國狂牛病流行後將新型賈庫氏病傳給人類	日本的科學家證明正常的普利昂蛋白會保護腦細胞	斯伊和坎德爾發現維持記憶的類普利昂蛋白質

傳染性蛋白質

　　蛋白質如何能具有傳染性呢？理論科學家約翰‧葛利菲斯（John Griffith）在 1967 年提出三種可能的機制。首先是自我複製，傳染媒介是「自發性製造的畸形蛋白質，可作爲模板引發更多的畸形蛋白產生。」

　　1985 年，布魯希納和瑞士的生物學家查爾斯‧韋斯曼（Charles Weissmann）從感染綿羊搔癢病的倉鼠腦中，分離出編碼普利昂蛋白的基因，證明在正常的倉鼠、老鼠和人類中可以找到這個基因。由此證實，普利昂蛋白的「遺傳」物質是在細胞裡。異常的普利昂蛋白質被命名爲 PrP^{SC}〔Sc 代表綿羊搔癢病（scrapie）〕，而正常的形式爲 PrP^{C}〔C 代表細胞（cell）〕。1992 年，布魯希納和美國的科學家佛瑞德‧寇恩（Fred Cohen）用電腦工具預測蛋白質摺疊，他們指出 PrP^{SC} 的二級結構主要是平的 β 摺板，而 PrP^{C} 是由線狀的「α 螺旋」結構組成。普利昂蛋白是錯誤摺疊的蛋白質，促使正常的蛋白質改變形狀。

神經退行性疾病

就像普利昂蛋白疾病，阿滋海默症（Alzheimer's）和帕金森氏症（Parkinson's）之類的疾病也跟隨年紀累積的異常聚集體有關，兩種病都降低認知的能力。然而跟普利昂蛋白不同的是，形成聚集體的蛋白質並不是傳染媒介，不過它們確實有類似的特徵。在阿滋海默症──最常見的人類失智症原因──的患者中，大腦皮質的某些區域因聚集體出現而萎縮：名爲「β 類澱粉蛋白質」的肽（蛋白質片段）製造類澱粉蛋白質斑塊，而「tau」蛋白質在神經元內形成扭曲的神經元纖維纏結，塞住細胞內的傳輸網路。當 β 類澱粉蛋白質或 tau 蛋白質從一個神經元轉移到另一個時，它們可以播下新的聚集體「種子」，這就是它們被稱爲「類普利昂」蛋白質的原因：它們似乎也是將正常的蛋白質轉換成不正常結構的錯誤摺疊版本。「自我複製」或許造成重要的蛋白質供應耗盡、聚集體本身或許造成併發症（如同在普利昂蛋白疾病中），或者兩種問題都可能發生。形成最初錯誤摺疊的原因還不清楚，最早觸發神經退行性疾病的是什麼也不知道，因爲只有 10% 跟遺傳改變有關。但由於時間越久，遭遇創傷或其他環境因子的機會越多，所以有可能單純只是因爲上了年紀。

異常聚集體

　　普利昂蛋白是分子生物學中的吸血鬼。複製核酸需要利用單股的 DNA 或 RNA 作爲模板。相較之下，普利昂蛋白不是從模板股製造自己的拷貝，而是把自己的形狀當作模板，將現有的 PrP^{C} 蛋白質轉變成吸血鬼般的 PrP^{SC} 分子。連鎖反應接著促成越來越多的蛋白質堆積。

PrP^{SC} 的 β 摺板比 PrP^{C} 的平坦，因此普利昂蛋白能疊成堆，變成異常的聚集體或「類澱粉蛋白質」纖維。這些有毒的纖維會殺死神經元，促使星形膠質細胞清除殘骸，留下腦裡的空洞——海綿狀疾病。

因為普利昂蛋白如此強悍，所以纖維會一直留著，同時星狀膠質細胞和空洞繼續增加。支持唯蛋白質假說的一個重要證據在 2004 年出現，當時布魯希納的實驗室利用細菌，製造發展成類澱粉蛋白質纖維的普利昂蛋白，注射到老鼠身上後，會造成神經系統失去功能。類澱粉蛋白質纖維可能群聚形成類澱粉蛋白質斑塊的沉澱，類似在神經退行性疾病中出現的過程。

記憶分子

但正常的普利昂蛋白做什麼呢？1992 年，韋斯曼發現 PrP^{C} 是細胞膜上的受器。除去這個基因的基因改造老鼠對綿羊搔癢病免疫，而且能維持健康幾個月，意思是這種蛋白質似乎可有可無。然而在 1999 年，日本的兩個研究團隊發現，當老鼠缺乏 PrP^{C} 時，牠們的腦細胞失去隔絕電活動的髓鞘，名為蒲肯野細胞（Purkinje cell）的神經元會死亡。由此看來，正常的普利昂蛋白實際上是在保護腦部。

很多物種都找得到有益的普利昂蛋白，例如出芽酵母菌有許多。2003 年，神經生物學家考斯克·斯伊（Kausik Si）和艾立克·坎德爾（Eric Kandel）在海蛞蝓中發現蛋白質「細胞質多聚腺苷酸化元素結合」（cytoplasmic polyadenylation element binding, CPEB）。當 CPEB 結合從神經元的基因轉錄的 mRNA 時，那個細胞會產生蛋白質，而這種蛋白質是貯存記憶所需。驚人的是，CPEB 的一端類似酵母菌的普利昂蛋白。當斯伊和坎德爾把 CPEB 放入酵母菌細胞時，蛋白質轉變成普利昂蛋白。如果腦細胞刻意將 CPEB 轉變成普利昂蛋白，就具有連鎖反應效果，確保細胞一直生產蛋白質。因此，自我複製的蛋白質說明了長期記憶如何維持。

重點概念
自我複製的蛋白質可能傷害或保護大腦

25 多細胞生物

複雜生命史上的第一個重大轉變，是真核生物的細胞發展出細胞核與粒線體。這些事件大概只發生一次，然而多細胞體的演化已發生了好幾次，意指多細胞體能提供許多優勢。

單獨一個的單細胞生物能自己執行所有重要的任務，包括移動、防禦和繁殖。它樣樣都行，但事事不精。相較之下，多細胞體可以在特化組織間分配生命的各項勞務。最基本的區分是兩類細胞：將遺傳訊息傳遞給下一代的生殖細胞，以及包辦其他業務的體細胞。

分工

德國的動物學家奧古斯特‧魏斯曼在 1883 年首次提出「生殖」細胞和「體」細胞之間的區別，魏斯曼指出，這種分工使生物演化出複雜的身體。透過分化，體細胞各自獲得不同的工作，從進食到光合作用等，根據不同的任務加以特化。如果細胞特化、黏在一起、彼此依賴，而且互相溝通，那麼他就是多細胞生物。如果沒有這四個特徵，「身體」只是一大群細胞。然而，現存物種的老祖先已不在世上，所以起源就有模糊空間。若根據兩個特性——細胞黏著和溝通，多細胞生物已出現了十次：一次在動物界，三次在真菌界，而六次在植物界。

大事紀

西元 1883	西元 1987	西元 1988
魏斯曼描述生殖細胞與體細胞之間的區別和分工	里奧‧巴斯（Leo Buss）在《個體的演化》（*Evolution of Individuality*）書中討論細胞層次和團體層次的選擇	夏皮洛主張有些細菌應該被視為多細胞生物

黏在一起

　　多細胞生物的起源爲何？致使現代身體出現的事件，發生在幾百萬年以前，因此科學家通常將單細胞物種跟它多細胞的親戚做比較。最完美的是模型系統是團藻科，屬於綠藻的一科。發育生物學家研究團藻屬的突變品系，發現幾個控制藻類如何製造較大生殖細胞和較小體細胞或「生殖胞」的基因。1999 年，史蒂芬・米勒（Stephen Miller）和大衛・柯克（David Kirk）發現 glsA，這是不對稱性分裂所需的基因，然而突變的 glsA 能製造大小相同的細胞。2003 年，米勒從單細胞的衣藻分離出同等的基因，放入突變體團藻後，造成多細胞生物重回大小不同的細胞。丹尼爾・羅克薩爾（Daniel Rokhsar）帶領的遺傳學家在2010 年比較這兩個物種的基因組：雖然相似的基因高達 14500 個，但團藻有較多的基因編碼用於細胞壁和細胞外基質的蛋白質，也就是把細胞黏在一起的基因比較多。

依賴和溝通

　　1988 年，《科學人》雜誌（Scientific American）發表一篇遺傳學家詹姆斯・夏皮洛（James Shapiro）所寫的文章，挑戰微生物是單細胞的觀點：「細菌是多細胞的有機體。」

生物薄膜

細菌通常形成生物薄膜，一種薄膜般、將細胞合在一起的細胞外基質。製造這種微生物墊的原料是糖、蛋白質、脂質與核酸——在細胞突然進入壓力環境後釋出的物質。這會促使附近的有機體改變自己的基因活動，因此改變它們的特徵和行爲。生物薄膜製造的屏障，讓一組細胞共享代謝產物，但主要還是阻擋有毒物質進入。例如，金黃色葡萄球菌（Staphylococcus aureus）和大腸桿菌（E. coli）形成的生物薄膜含有更能抵禦抗生素的細胞，這對阻止超級細菌〔如耐甲氧西林金黃色葡萄球菌（Methicillin-Resistant Staphylococcus aureus, MRSA）〕有重大意義。多種表面都有可能形成薄膜，從水和空氣界面的薄層，到實驗室裡的培養皿。雖然生物薄膜有不少多細胞生物的特徵（像是黏在一起），而且細胞能共享利益（像是防禦掠食者），不過它只是短暫的形式。跟多細胞體不同的是，生物薄膜並非永遠由相同起源的細胞組成。它們甚至有可能來自不同的物種。因此，這個「社群」裡的利益衝突和競爭更是多上許多，導致騙子細胞很容易出現，最後讓微生物墊變不穩定。

西元 **1999**
米勒和柯克在多細胞團藻中發現分裂所需的基因

西元 **2010**
發現團藻和單細胞衣藻的基因組差異不大

西元 **2014**
拉特克利夫和利比主張最初的多細胞生物是靠棘輪效應穩定

他的一個例子是藍綠菌（*Anabaena cylindrica*）。普通的藍綠菌行光合作用，但是在不同的時間吸收大氣的氮進行固氮作用，因為這兩種代謝反應的過程彼此干預。然而絲狀的藍綠菌由一串細胞組成，因為分裂後沒有完全分開而一直連在一起。這些細胞分別特化成光合作用細胞、固氮異形細胞、厚壁孢子（休眠細胞），以及動來動去的藻殖段（或稱段殖體）。前兩者無法繁殖，但最後兩個可以，就像是複雜生物體內體細胞／生殖細胞的區別。

「在多細胞生物間出現的分工原則……已逐漸導向結構越來越複雜的產物。」

——奧古斯特·魏斯曼

然而，絲狀和其他模式的機動性不高，而且因為高密度的細胞造成資源競爭激烈，既然如此，那麼形成身體的原因究竟為何？2006 年，生態學家詹盧卡·科諾（Gianluca Corno）和克勞斯·翁根斯（Klaus Jürgens）將淡水的彎桿菌（*Flectobacillus*）跟噬菌的棕鞭藻（*Ochromonas*）一起培養，他們發現八成以上的獵物轉變成不能吃的絲狀——從多個細長的細胞形成。因此，轉變成多細胞生命的一個誘因，或許單純是大的身體比較不會被掠食者吃掉。

個體性

從一群細胞到多細胞體的轉變，是意義深遠的生態改變，因為從競爭變成合作，所以需要重新定義它對個體生物的意義為何。這段期間，天擇在各個層次作用，端看群體生活如何影響單個細胞的生存與繁殖能力。如果弊大於利（誠如在細菌的生物薄膜所見），細胞層次的選擇很快就超越群體層次的選擇。

至於多細胞生物能如何穩定呢？有個劇本是這樣演的：天擇偏好的特性可能有利於細胞在群體中的適存度，但這個特性讓細胞一旦離開就得付出很大的代價。2012 年，威廉·拉特克利夫（William Ratcliff）用正常的單細胞酵母菌——啤酒酵母（*Saccharomyces cerevisiae*）——進行演化實驗，檢驗這個說法。

他讓細胞在試管中沉澱 45 分鐘，之後將底部的細胞移到新的試管，重複這樣的動作 60 次，如此一來人擇偏好的是較重的多細胞菌簇。令人驚訝的是，酵母菌除了黏在一起還演化出第二個特性：高比率的細胞凋亡，也就是細胞程序性死亡。

拉特克利夫和埃里克·利比（Eric Libby）根據數學模型指出，消滅「弱紐帶」能讓細胞克服試管裡的限制，也就是打斷紐帶會產生較小、生長較快的細胞。細胞凋亡是種群體生活的適應，但如果離群索居就會適應不良，因為高自殺率讓它們的競爭力降低，無法對抗其他獨立生存的細胞。像細胞凋亡這樣的特性，擔任的角色是演化棘輪（譯註：一種維持齒輪向一個方向轉動的零件）上的棘爪（譯註：插入棘輪的齒內，使棘輪同時轉過一定角度的零件），確立細胞的群體生活方式，使它難以再回到獨自生活的方式。

多細胞生物的模型

研究多細胞演化的完美模型系統是團藻科，屬於綠藻的一科，成員包括單細胞的有機體和具備數千個細胞的複雜身體。科學家通常比較兩個物種：單細胞的「萊茵衣藻」（*Chlamydomonas reinhardtii*），會在分裂前吸收自己的鞭毛；以及團藻（*Volvox carteri*），在透明球體內約有 16 個大型生殖細胞，而膠狀基質帶有 2000 個小型體細胞，每個都有鞭毛能驅動球體朝向陽光進行光合作用。

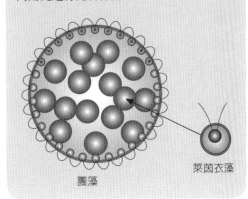

團藻　　　　　　　　　　萊茵衣藻

重點概念
失去個體性的細胞變成多細胞體

26 循環

在動物身上，代謝反應的動力來源多數是細胞的呼吸作用，吸收氧氣和營養，然後排泄新陳代謝的廢物。體內的物質若要在細胞和環境之間移動，必須經由血管或其他的運輸網路：循環系統。

3D 的立體身體製造出生理上的挑戰，最簡潔的說明是想像一張包裝用的泡泡紙：平放時，無論紙有多大你都可以輕易捏破任何一個泡泡，但如果你把它捲成圓柱，就很難接觸到中央的泡泡。在這個比喻中，捏破泡泡代表擴散率，亦即細胞從濃度梯度往下（高往低）移動。擴散適合將代謝產物移過一整片多細胞紙，但卻不適用於通過 3D 的身體。細胞越多，體積增加得比表面積快，因此更不可能光靠擴散滿足細胞代謝的要求。有個解決方法是藉由摺疊，提高面積對體積的比例：做到這點的水母，製造出實際上不在體內、但與水環境相連的體腔。然而實心的 3D 身體，就需要循環來輸送代謝產物。

開放和封閉系統

循環利用互相連接的管——「血管系統」——和幫浦，讓血液在整個身體流動。封閉循環系統的血液留在管裡，細胞則完全浸泡在「組織間液」。代謝產物的交換是藉由穿過內皮層的擴散，而組織間液通常排入淋巴系統形成「淋巴」，之後送回血液中再利用。開放系統的血液會流入體腔或血腔，而血管並沒有沿著內皮層排列。

大事紀

西元前 200	西元 1543	西元 1559
蓋倫提出肝臟是開放血管系統的中心	根據維薩里的說法，人類的心臟分開成兩邊	科隆博主張血流從心臟經由肺臟循環

脊椎動物的心血管系統

循環系統是單或雙，端看心臟是否分隔。魚的心臟有一心房接著一心室，因此血液經由氣體交換器官（鰓）被打向身體。鳥和哺乳動物有雙循環系統，心臟被分成左右兩邊，流向肺臟——肺循環——的缺氧血和運往身體——體循環——的充氧血被分隔開來。其他的脊椎動物具有部分分隔，分成左右系統。

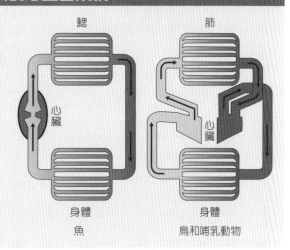

鰓　肺

心臟　心臟

身體　身體

魚　鳥和哺乳動物

因為三種液體沒有差別，所以統稱為或血淋巴或簡稱為「血液」。所有脊椎動物都使用封閉循環系統，但無脊椎動物則是什麼適合牠們多元的生活方式就用什麼。多數的軟體動物、甲殼動物和節肢動物（包括昆蟲）都使用開放系統，但軟體動物比較有趣，因為這群動物除了雙殼貝（像是牡蠣）和腹足類（像是蝸牛），還包括頭足類（像是章魚和烏賊），牠們使用具有強力心臟的封閉系統，適應活躍的生活方式，像是游泳和掠食行為。

心臟和血管系統

今日我們知道，血管系統的中心，嗯……就是心臟（譯註：中心、心臟都是 heart）。不過大約在 1400 年前，解剖學的想法是由這個人主導：生於西元前 130 年的希臘醫生蓋倫（Galen）。蓋倫認為，血液是由肝臟利用腸裡的食物製造，然後被組織吸收，這種想法不是循環，而

西元 1603
法布里休斯發現血管中的單向瓣膜

西元 1628
哈維提出心臟是封閉循環系統的中心

西元 1661
馬爾皮吉觀察到氣體交換系統和微血管

是沒有回收液體的開放系統。肝臟是這個系統的中心，血液則充滿「生命靈氣」──混合來自肺臟的空氣和來自心臟的熱。心臟不是幫浦，將它分成左右腔室的隔膜含有細孔。

蓋倫的想法堅實無可動搖，直到十六世紀，義大利帕多瓦大學（University of Padua）的解剖學家安德雷亞斯・維薩里（Andreas Vesalius）才指出他的錯誤。舉例來說，安德雷亞斯・維薩里證明血液沒有流穿心臟的隔膜，同時里奧多・科隆博（Realdo Colombo）主張血液在肺循環中流經肺臟。1603 年，西羅尼姆斯・法布里休斯（Hieronymus Fabricius）發現靜脈具有單向的瓣膜，防止血液回流。但最後是法布里休斯過去的學生，英國的醫生威廉・哈維（William Harvey）真正反駁蓋倫的教條。哈維測量各種哺乳動物排出的血量，計算出這些量遠超過食物所能得到。因此他推論，「動物身體裡的血液是以循環推進，而且是不斷移動的狀態。」1616 年，哈維開始在倫敦皇家內科醫學院（College of Physicians）授課，他用各種動物證明他的循環理論，並且利用止血帶綁在人的手臂、造成血管腫脹，揭開血流的方向，由此證明動脈血來自心臟而靜脈血走向心臟。

哈維在 1628 年出版的《關於動物心臟與血液運動的解剖研究》（或譯《心血運動論》）（*Anatomical Exercise on the Motion of the Heart and Blood in Animal*）書中有段寫給國王的獻詞，提到「所有動力全都由心臟開始進行」。然而，哈維只說對一半：多數動物只有一個心臟，但有些動物具有多個心臟。章魚有一個體心臟把血液打到身體，還有兩個副心臟供給鰓。

維管束植物

3D 身體的起源有兩次：多細胞動物在大約 7 億年前出現，而植物則是在 4 億 5 千萬年前首次移居陸上棲地。經由趨同演化，陸生植物對於多重、多樣細胞的生活方式，找到類似於動物的解決方法，包括芽─根軸可相比為動物的頭─尾形態，以及頂端分生組織──在生長組織頂端的幹細胞。植物缺乏循環系統，不過確實具有維管輸送系統，攜帶液體流經兩類維管：韌皮部和木質部。韌皮部的篩管充滿汁液，與同樣是活細胞的伴細胞並列，主動將光合作用製造的糖推進汁液、擴散到細胞。木質部由死的細胞（導管和假導管）組成，被動地將水分和溶解的營養往上吸。藉由穿過膜的擴散（滲透作用）從土壤進入根後，液體透過毛細管作用對抗地心引力，接替從葉的氣孔蒸散或從表面蒸發所失去的水分。植物的細胞壁含有纖維素和木質素，可以對抗壓縮和其他壓力，提供讓植物長高的結構支撐。

蚯蚓和其他環節動物沒有這個器官，牠們將血液推過封閉循環系統的方法是擠壓自己的身體：一種協調的波狀「蠕動」，或類似食物通過你的消化系統的肌肉收縮。

氣體交換系統

哈維沒有找到的一部分血管系統，是供給細胞養分的血管。雖然他暗示它們存在，但直到 1661 年才觀察到這些微血管，當時的義大利生物學家馬切洛・馬爾皮吉（Marcello Malpighi）在顯微鏡下研究青蛙的肺時看到它們。馬爾皮吉也提出，肺的表面是空氣和血液之間的氣體交換處，我們現在知道這是藉由擴散穿過微血管壁。呼吸作用利用氧氣並釋放二氧化碳，這些氣體往往附著在呼吸色素（像是血紅蛋白上的血基質），通常是由血球攜帶輸送。

馬爾皮吉發現，昆蟲不是用血液輸送氣體，而是利用氣管系統，在外骨骼上開孔（氣門）並且通往布有許多分支的管道，將氣體帶近到足以用擴散進入泡著細胞的血液。爬蟲類、哺乳類和鳥類也利用分支的管道，牠們有通往膨脹氣囊的氣管和支氣管，不過魚類得將水強行推過牠們的鰓，有些兩棲動物完全仰賴氣體穿過皮膚的擴散。雖然生理性呼吸通常被描述成最後交換氣體的明確過程，但最好還是把呼吸作用和血管系統想成相連的循環。

「動物的心臟是生命的根基、內部一切的最高元首、體內小宇宙的太陽，所有的生長全都仰賴著它，所有的動力全都由此進行。」

——威廉・哈維

重點概念
運輸系統克服擴散的障礙

27 老化

死亡是自然的現象。在野外，生物通常聽命於環境的挑戰，像是掠食者、疾病或意外傷害。從這類死亡的「外生」成因存活下來的個體，接著會面臨「內生」死亡：死於年紀大。然而，不同物種間的最長壽命也各不相同，因此讓我們想問問究竟為什麼變老。

老化的一個過時、但今日仍會聽到的解釋是，個體死亡好把空間留給下一代。這句話暗指天擇「為了群體好」而行動，避免族群過度擁擠。誠如德國的生物學家奧古斯特・魏斯曼在 1889 年所說：「老舊的個體不只對物種沒有價值，甚至還會有害，因為他們取代了健全的個體。」這種幼稚的論點不只促成社會的年齡歧視，還公然挑戰演化的邏輯，因為「自殺」族群容易被騙子傷害：如果出現長生不老的個體，他就能從別人的犧牲受益，無需承擔自身死亡的成本。然後，他的後代可能將他們的「不死基因」傳遍整個基因庫，完全消滅老化。

演化解釋

從個體和「自私基因」的觀點（參見第 46 章），長生不老有重大優勢：有機體能一直繼續生殖下去。因此，老化為什麼有可能持續呢？動物學家彼得・梅達沃（Peter Medawar）在 1951 年的演講提出兩個關鍵洞察。首先，他區分老化過程和他所謂的「衰老」——降低身體表現和增加外生死亡風險（如掠食者）的生物症狀。

大事紀

西元 1889	西元 1951	西元 1961
魏斯曼提出年紀大的個體死亡是為了物種好	梅達沃指出天擇的強度隨年齡增加而下降	海佛烈克發現細胞分裂次數的最高限制

第二，他指出天擇的強度隨年齡增加而下降，因此無法影響後來造成致命情況的突變，像是癌症和心血管疾病。

除非製造看得見的表現型，否則天擇無法注意到基因突變。降低早年表現的突變，很可能讓個體無法成為生存的適者，但造成晚年衰老的突變，就可能有效地隱藏起來。因此天擇的強度在一生中越來越弱：如果突變基因在你生殖以前降低表現，它就不會傳遞下去，但如果突變造成的老化是在生殖之後，那就為時已晚──基因已被傳承。因此，衰老的成因可能在演化過程中一直累積，這就是梅達沃的「突變累積」老化理論。

身體組織不是繁殖的「生殖細胞」、就是「體細胞」。生殖細胞把基因傳遞給下一代，而體細胞在生物死亡時被丟棄。這是「可拋棄體細胞」理論的基礎，由湯姆士‧寇克伍德（Thomas Kirkwood）在 1977 年提出，他將老化視為演化適存度兩邊之間的權衡：生存（生長、維持和修復體細胞）與繁殖（製造生殖細胞，如精子和卵子）。

延長生命

延長壽命的最可靠方法是少吃一點，也就是限制卡路里或飲食，這點已在多種生物上得到證實。舉例來說，老鼠如果減少 30～40% 的食物攝取量，能使牠們活得更久、減緩老化的生理信號，並且預防疾病。精確的作用方式並不清楚，但在 1999 年，分子生物學家里奧納多‧葛蘭特（Leonard Guarente）指出這跟名為「乙醯化酶」（sirtuin）的蛋白質有關。他的團隊先發現 Sir2（延長酵母細胞壽命的乙醯化酶），一年過後，他們發現 Sir2 控制其他的蛋白質，導致細胞的壓力反應和新陳代謝改變。動物有 6 種 Sir2 的等價物，包括 SIRT1，遺傳學家大衛‧辛克萊（David Sinclair）已經證明小分子活化的 SIRT1 會模仿卡路里限制，這點提高了開發藥物來達到相同效果的可能性。有種活化乙醯化酶的分子是白藜蘆醇，在葡萄皮裡找到的化學物質，（大概）能使喝紅酒有益健康。兩個團隊在 2006 年證明，補充白藜蘆醇的老鼠能吃高熱量飲食，卻不會增加體重或罹患糖尿病。有些研究者質疑白藜蘆醇和乙醯化酶「長壽基因」的效果，但飲食限制能延長生命的結果仍然屹立不搖。

西元 1977
寇克伍德對於老化的演化提出可拋棄體細胞理論

西元 1982
證明在不同生物中，DNA 末端的端粒會保護染色體

西元 2004
比較人類同卵雙胞胎的結果顯示，老化主要是由環境造成

寇克伍德的理論主張，既然生態資源（例如食物）有限，那透過新陳代謝產生的能量一樣有限。因此，在生理過程間分配資源時必須做經濟決策：當面臨艱困時期，生存是第一要務，但若有額外資源，就允許奢侈地繁殖。

編寫好的壽命

既然生命的指令都被編碼在基因裡，那麼死亡是否也受到 DNA 編程？乍看之下，似乎應該如此。1961 年，解剖學家李奧納多・海佛烈克（Leonard Hayflick）證明，培養皿中生長的細胞大約經過 50 次就停止分裂，這是現在所謂的「海佛烈克極限」（Hayflick limit）。1980 年代，分子生物學家伊莉莎白・布雷克本（Elizabeth Balckburn）發現端粒——保護染色體末端的 DNA 序列——在細胞分裂期間失去，意指端粒失去是在為細胞退休倒數計時。動物研究也已發現跟長壽有關的基因。例如，生物老年學家辛西婭・凱尼恩（Cynthia Kenyon）在 1993 年找到一個突變，可以讓線蟲的壽命加倍。

然而，就像許多基因決定的表現型，衰老也受到環境影響。雌性蜜蜂發育成蜂王或工蜂，取決於牠們在幼蟲時得到的食物，雖然 DNA 沒有差異，但蜂王的預期壽命平均是兩年，而工蜂只有幾個月。人類當中，先天與後天的相對貢獻可藉由同卵雙胞胎的比較測量，他們共享幾乎完全相同的基因組，但卻很少在相同的年齡過世：2004 年，有項超過 2700 對雙胞胎的調查發現，基因只能解釋 20% 的年齡相關損傷，強調環境對其餘 80% 的影響力。

分子機制

細胞的耗損驅使身體老化，像是蛋白質的累積，會因為壓力和粒線體的 DNA 突變而變成錯誤摺疊。

例如，「自由基」（活性氧）是在呼吸作用期間產生，從突變的粒線體漏出來，在細胞質裡跟其他分子發生反應。維持和修復系統能幫助預防細胞衰老，但它們的表現會隨著時間衰退。1992 年，亞歷山德·布克勒（Alexander Bürkle）從 12 種哺乳動物身上測量到細胞的 DNA 修復酵素（PARP1）的活性，並且發現酵素活性和物種最長壽命之間的關係：從最極端的兩種來看，人類的 DNA 修復比老鼠——通常活 3 到 4 年——多五倍。

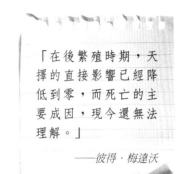

「在後繁殖時期，天擇的直接影響已經降低到零，而死亡的主要成因，現今還無法理解。」

——彼得·梅達沃

我們究竟爲什麼會變老？維持和修復細胞需要使用能量，根據可拋棄體細胞理論，衰老是繁殖與生存間資源分配的權衡結果。這有助於解釋飲食限制爲什麼能延長壽命，因爲在缺乏食物的時候，生存變成了第一要務。這也符合生物老年學家琳達·帕特里奇（Linda Partridge）的研究，她發現，藉由胰島素荷爾蒙與「類胰島素生長因子」傳送的信號，可以感測營養並且調節生長和新陳代謝等過程。生物不必將身體保持在完美的狀態，只要好到足以活過生育的年齡，這點決定了他們的生命史：在野外，超過 90% 的老鼠在一歲以前死亡，因此牠們的三年壽命讓牠們有足夠的時間繁殖。今日的現代醫療和技術幫助人類抵禦死亡的外生成因，像是疾病和掠食者，所以我們大多是因爲內生死亡而死。人類會擔心變老，完全是因爲我們活得久到能夠經歷老化。

重點概念
壽命是生存與繁殖之間的權衡

28 幹細胞

在動物發育的早期，細胞有潛力製造幾乎所有的身體部位。研究者想把這種力量運用在醫學方面，這樣的希望曾經只侷限在胚胎細胞，但老鼠和青蛙的研究顯示，重編程已經特化的組織也能製造出幹細胞。

幹細胞為何如此特別？在發育期間，受精卵會分裂，後代逐漸特化成不同角色，從攜帶氧氣的血球，到擔任保護工作的皮膚。這個「分化」的過程，在人類體內創造出兩百多種細胞。最初開始想像這點的是德國的博物學家暨藝術家恩斯特·海克爾。他在 1868 年繪製了「生命之樹」，中央樹幹代表所有生命的祖先，也就是海克爾稱為「幹細胞」（stammzelle）的單細胞生物。1877 年，海克爾把這個概念擴展到胚胎學，提出受精卵也是幹細胞。

分化形成樹狀的階層，胚胎是樹幹、特化的細胞是樹葉，而幹細胞則是樹枝（但不是嫩枝）。幹細胞的研究要大大歸功於其中一根樹枝：造血作用，或血球的形成。1896 年，德國的血液學家阿圖爾·帕朋罕（Artur Pappenheim）將紅血球與白血球的前驅描述為「幹細胞」（stem cell）。然後在 1905 年，他繪製出中央的前驅向外伸展的細胞譜系。幹細胞科學的第一個重大發現出自 1960 年，當時加拿大的癌症研究者詹姆斯·蒂爾（James Till）和歐內斯特·麥卡洛克（Ernest McCulloch）發現，老鼠骨髓裡的某些細胞對輻射敏感。1963 年，這兩位研究者將這些骨髓裡的細胞移植到老鼠的脾臟，然後它們在脾臟開始繁殖生產血球。

大事紀

西元 1877	西元 1960	西元 1962
海克爾指出細胞分化類似樹狀階層	蒂爾和麥卡洛克在骨髓中發現成體幹細胞	格登的克隆青蛙證實分化能被逆轉

潛力

　　蒂爾和麥卡洛克揭開幹細胞的兩個關鍵特徵：它們會無限地分裂，而且有潛力產生特化的細胞。產生其他種類細胞的能力，端看細胞在分化樹上的位置而定。造血幹細胞具備「多潛能」，因為這個分支製造不同的血球；而受精卵則是「全能」，因為它造出整個身體。在多數的哺乳動物中，名為囊胚的中空細胞球含有「超多能」的內細胞團，如果著床會形成胚胎（embryo）和胎盤以外的所有組織。

　　1981 年，英國的胚胎學家馬丁·埃文斯（Martin Evans）和馬修·考夫曼（Matthew Kaufman）首次從老鼠的囊胚分離出胚胎幹細胞。而人類的胚胎幹細胞是在 1998 年由美國的生物學家詹姆·湯姆森（James Thomson）培殖出來。成體幹細胞很稀少（造血幹細胞在一萬個血球中只出現一個），而且只具有多潛能。超多能的胚胎細胞比較容易從體外人工受精所丟棄的「多餘」囊胚取得，然而這會引發道德考量，特別對於相信生命在細胞球變成胚胎以前、從受孕時就開始的人。

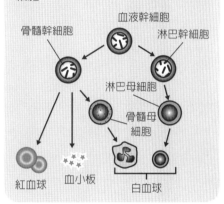

血球的發展

細胞分裂並且逐漸特化，形成家庭樹上的不同分支。在脊椎動物中，所有血球的祖先是造血幹細胞，產生兩個分支：「骨髓」部分包括紅血球和巨噬細胞，而「淋巴」部分包括免疫系統的抗體細胞：T 淋巴細胞和 B 淋巴細胞。

血液幹細胞
骨髓幹細胞
淋巴幹細胞
淋巴母細胞
骨髓母細胞
紅血球　血小板　白血球

克隆

　　關於幹細胞的另一個道德議題，是透過生殖性克隆（譯註：利用生物技術由無性生殖產生與原個體有完全相同基因組之後代的過程）培殖人類。目前世界各地的法律都不允許，已知的研究都是在基因層次的治

西元 **1981**
埃文斯和考夫曼分離並培養老鼠的胚胎幹細胞

西元 **1998**
湯姆森分離並培養人類的胚胎幹細胞

西元 **2006**
山中從分化的細胞製造誘導性超多能幹細胞

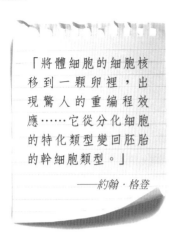

「將體細胞的細胞核移到一顆卵裡，出現驚人的重編程效應……它從分化細胞的特化類型變回胚胎的幹細胞類型。」

——約翰·格登

療性克隆而不是複製個體。不過，動物的生殖性克隆已讓我們能一窺究竟。

例如，分化曾被認爲是單向的過程：皮膚分支上的細胞無法回頭再變成血液。1950 年代，托瑪斯·金恩（Thomas King）和羅伯特·布利格斯（Robert Briggs）的實驗證明，將青蛙囊胚細胞的細胞核植入除去核的代理卵時，所有卵都正常地發育成青蛙，但轉移成熟的胚胎細胞只有少數的青蛙長大。這點表示，細胞核裡的某些東西在發育的過程中失去。1962 年，英國的生物學家約翰·格登（John Gurdon）得出不同的結論。格登研究非洲爪蟾，利用紫外線破壞代理卵細胞內的 DNA，然後用微吸管將成熟的核（取自蝌蚪腸道的上皮細胞）放入取代。726 顆卵多數都無法正常發育，但有十顆長成蝌蚪，牠們是最早從非胚胎細胞克隆的動物。這項結果不只證明分化能被逆轉，而且指出卵的細胞質能有效地重編程細胞核。

重編程

你身體的各種細胞本質上有相同的基因組，既然如此，那是什麼讓它們彼此不同？可以把你的基因組想像成電腦的作業系統。當你使用電腦進行特定工作一段時間後，你會灌入軟體使它更加特化。細胞也是一樣，含有「轉錄因子」的蛋白質結合 DNA 上的開關，將基因打開或關掉。轉錄因子是表觀遺傳標記，在細胞分裂時被傳遞到細胞質，將它的子細胞編程爲特定的細胞類型。然而，卵的細胞質會刪除基因組硬碟的軟體。

基因組重編程的重大突破出現在 2006 年，由日本的科學家山中伸彌（Shinya Yamanaka）提出。過去的研究已經證明幹細胞能活化轉錄因子，因此山中用遺傳工程製造轉錄因子基因永遠活化的纖維母細胞（特化細胞）。現在稱爲「山中因子」的四個基因的組合，可以產生外觀、行爲和基因活動都類似胚胎幹細胞的細胞。

桃莉羊

約翰‧格登在 1962 年使用的克隆技術（名為體細胞核移植），也被英國的生物學家基思‧坎貝爾（Keith Campbell）和伊恩‧威爾穆特（Ian Wilmut）用來創造第一個從成體細胞克隆的哺乳動物：桃莉羊。他們在 1997 年公布一頭七個月大的羊，牠是用六歲母羊的皮膚細胞創造出來。因為細胞來自於成體的乳腺，所以製造的羊就以豐滿的鄉村歌手桃莉‧巴頓（Dolly Prton）命名。經過數百次的失敗嘗試才製

造出哺乳動物，主要是因為細胞的重編程非常困難。移植細胞核之後，代理卵細胞質中的蛋白質啟動遺傳開關，將植入的基因組重新編程，讓它能指導胚胎（而非成體細胞）的發育。坎貝爾和威爾穆特用少量電流觸發這個過程，然而這對重編程大概並不理想。

　　山中的方法涉及刺激，所以它創造出「誘導性超多能」幹細胞（induced pluripotent stem, iPS）。研究者並不確定四個山中因子是否最適合製造 iPS 細胞，因為經過一星期的分裂，一千個細胞當中只有一個變成超多能，而且重編程如何運作也還不清楚。在此同時，胚胎細胞已被轉變成眼睛細胞，用來治療一種會導致失明的常見症狀：老年性黃斑部病變。幹細胞治療也已藉由 iPS 細胞達成，這麼做的優點是細胞源自病人本身，因此能將免疫排斥的風險降到最低。用你自己的細胞來修復你的身體，這個夢想的實現指日可待。

重點概念
編程基因組製造不同細胞

29 受精

精子和卵子的融合，絕對值得被稱頌為「受孕的奇蹟」。其中一個原因是，在一百萬個人類精子中，只有一個能到達卵子附近。若想克服如此巨大的困難，動物需要策略幫忙把這兩個生殖細胞拉在一起。

有性生殖結合來自不同個體的精子和卵子時，兩個配子的距離通常相隔遙遠。為了接近卵子，人類的精子必須千里跋涉遠超過自己身長數千倍的距離。卵細胞的受精在整個動物界大致相同，誠如德國的胚胎學家奧斯卡·赫特維希（Oscar Hertwig）在 1875 年所見，他是第一個描述海膽的雌性與雄性配子融合的人，並且提出許多受精過程的重要見解。

產卵

受精可能是在體內或是體外，但不管哪個過程，通常都需要液態環境讓精子能游向卵子。關於體外受精，可移動的雌性能將卵產在特定位置（像是青蛙蛋），然而珊瑚這類的固著性動物則是將卵釋放到水中，卵會沉到海底或河床，或藉由散播式產卵擴散到更遠的地方。體內受精則需要性器官。哺乳動物有陰莖，將精液射入陰道或子宮，而卵子和精子是在輸卵管相遇。

雄性配子比雌性配子小，這就是精子接近卵子（而不是相反過來）的理由。流行文化中，通常把受精描繪成數量龐大的精子同時競速奔

西元 1875	西元 1912	西元 1978
赫特維希首先觀察到精細胞和卵細胞的融合	歷列證明海膽的精子趨化性	藉助愛德華茲和斯特普托的體外人工受精技術的第一個嬰兒誕生

向卵子，彼此爭奪受精的權力。然而實際上，精子面臨的巨大挑戰只有尋找卵在哪裡。例如，老鼠射出的五百萬個精子當中，大約只有 20 個能到達輸卵管。

引導精子

體外受精的過程中，精子的航行是利用趨化性，亦即朝向化學物質來源的運動。美國的胚胎學家佛蘭克·歷列（Frank Lillie）在 1912 年描述從海膽（*Arbacia punctulata*）看到的趨化性。當歷列將接觸過受精卵的一滴海水加入懸浮精子時，這些雄性配子在卵萃取物的四周形成一個環，表示雌性配子會分泌吸引雄性配子的物質。藥理學家 J·蘭道·漢斯布魯（J. Randall Hansbrough）和戴維·嘉柏思（David Garbers）在 1981 年分離出這種化學物質：呼吸活化肽。呼吸活化肽會刺激精子膜上的通道，讓離子能在細胞中流進流出，決定它要多頻繁地拍打尾部。2003 年，德國的生物物理學家烏利希·班傑明·卡普（Ulrich Benjamin Kaupp）證明，精子能對單一個呼吸活化肽分子反應，意思是它們數算隨時間經過的分子數，估計自己該走的路還有多遠。

關於體內受精，至少在哺乳動物身上，精子是由趨流性引導，也

哺乳動物的受精

雌性配子最初是貯存在卵巢裡的卵母細胞，卵巢周圍的細胞用餵養前胚胎的營養將它們養胖。每個月經週期，遞增的促性腺激素促使卵母細胞分裂成不相等的兩半：大的是卵、小的是極體。未受精的卵接著被釋放到輸卵管。一顆卵成熟的時間大約是 24 小時。精子的組成是內含精核且在頂端有頂體的頭部，加上由中節的粒線體提供動力的尾部。雄性配子從陰道或子宮游泳到輸卵管與卵子相遇。

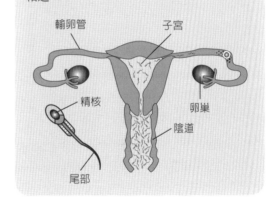

輸卵管　子宮

精核　卵巢

陰道

尾部

三親嬰兒

英國的生理學家羅伯特．愛德華茲（Robert Edwards）花了二十幾年的時間，試圖讓人類的卵子能在培養皿裡或試管內（in vitro，義大利文的「玻璃管內」）受精。之後他與婦科醫學家派屈克．斯特普托（Patrick Steptoe）合作，斯特普托利用腹腔鏡手術從卵巢取出卵子。這兩位研究者監測自然的生理週期，確認排卵的時間，在那個時間點收集一顆卵子，然後將卵子受精，植入有意懷孕的女性子宮。第一個「試管嬰兒」露薏絲．布朗（Louise Brown）在 1978 年 7 月 27 號誕生。從那時起，幾乎有六百萬個小孩透過體外人工受精誕生。過去三十年最大──也最具爭議──的發展，可說是所謂的「三親嬰兒」。2015 年，英國政府通過法案，允許從一個婦女的卵取出細胞核，移植到另一個捐贈者的卵裡。雖然後者（捐贈者的卵）沒有細胞核，但它的細胞質含有產生能量的粒線體，具有自己的 DNA。粒線體攜帶 37 個基因，而細胞核染色體包含 2 萬個基因，但這顆受精卵技術上從三「親」獲得遺傳物質（雖然其中之一只貢獻不到 0.2% 的基因）。藉由這項技術出生的兒童，可以避免造成疾病的粒線體缺陷。

就是穿過液體的運動。三木清（Kiyoshi Miki）和大衛．克拉普漢（David Clapham）在 2013 年發現這點，他們看見人類和老鼠的精子逆流而行，就像鮭魚逆流而上。性交刺激輸卵管壁分泌液體，把黏液和碎屑推開，為精子清空道路並提供它們該往哪兒走的線索。趨流性迫使天擇在精子間做出選擇，因此唯有最強的泳者才能存活。

體內受精的過程中，來自相同物種──交配前先辨認對象──的精子處在封閉的空間，所以精子可以往卵子的方向直奔過去。然而體外受精是開放的區域，環境裡可能有其他物種，因此精子成環形游泳，盡可能提高找到卵子的機會，同時辨認特定的化學物質，以防試圖穿透錯誤的卵子。趨化性也出現在體內受精，只不過距離很短，像是人類的精子會被卵子附近釋放的黃體激素吸引。

哺乳動物中，成功進入輸卵管的精子被留在貯存地點，讓雌性能一次釋放一些卵子。鹼性的環境（和人類的黃體激素）讓精子成熟，使它有能力穿透卵子。「具授精能力」的精子獲得極度活躍的移動性，強而有力地拍打自己的尾部，將自己推往最終的目標。

配子融合

精子在通過三道關卡後與卵子融合：膠狀層、卵黃外膜和卵細胞膜。哺乳動物中，膠狀物是含有卵丘細胞的彈性基質，在卵子成熟的同

時提供養分。

　　精子利用酵素和蠻力突破「卵丘」層。哺乳動物的卵黃外膜被稱爲「透明帶」（zona pellucida），含有各種「ZP醣蛋白」。當精子認出ZP醣蛋白時，頂端的膠囊（頂體）會釋放酵素，將透明帶開出一條道路。頂體反應讓精子抵達最後一道關卡——卵細胞膜，這裡的表面蛋白質讓卵子和一個幸運的精子融合。精卵融合觸發卵裡的改變：釋放酵素切斷ZP醣蛋白，防止其他的精子進入。

　　等待受精的同時，卵子暫時擱置自己的細胞分裂。在受精期間，精子傳送酵素將細胞週期的障礙移除：卵子完成分裂，留下帶有一半正常染色體數的雌性原核。雌性原核跟精子穿透後帶來的雄性原核融合，形成含有成對染色體的細胞核。

　　受精的最後階段有點神秘。精子和卵子都是特化細胞，因爲切換基因開關的表觀遺傳標記，而與其他帶有相同 DNA 的細胞不同。這些標記本該去除只留下白板，但雙親刻意加在配子上的標記也沒有清除。然而任務終究達成，最後留下一顆受精卵（現在是單細胞的合子），接著發育成像你一樣複雜的多細胞生物——這又是另一個奇蹟。

> 「從動物界和植物界的許多觀察結果推論，在受胎作用的正常進程中，只有單一精子絲能穿透進入卵子。」
>
> ——奧斯卡・赫特維希

重點概念
動物的配子在精子被導向卵子後融合

30 胚胎發生

威廉·哈維醫生在 1651 年出版的《論動物生成》（*On the Generation of Animals*）書中，以他的座右銘當開場白：「一切都來自卵子」（**Ex ovo omnia**）。這個說法違背亞里斯多德認為「生命是從無生命的物質藉由自然發生而出現」的想法，促使發展生物學家開始研究胚胎如何創造。

亞里斯多德是相當著名的希臘哲學家，但也應該視他為第一個生物學家。他對解剖學和胚胎學都有貢獻，例如他致力研究懷孕期間胎盤和臍帶的作用，並且說明動物的出生方式有三種：從卵出生（卵生）、經由母體產出（胎生），或是卵在母體內孵出後誕生（卵胎生，常見於鯊魚和某些爬蟲類）。不過，雖然亞里斯多德相信發展是從卵開始，但他也相信動物從無生命的物質（像是泥土）出現。

卵到胚胎

兩千年來，胚胎學的進展不多。證實血液循環如何運作的英國醫生威廉·哈維認為，所有動物都是從卵開始。然而，顯微鏡的發明開始讓證據變更複雜：1672 年，義大利的生物學家馬切洛·馬爾皮吉描述不同發育階段的小雞解剖構造，呈現胚胎和蛋黃之間的血管、預定形成肌肉的體節，以及神經溝（之後變成神經管，然後成為中樞神經系統）。馬爾皮吉支持「先成」，認為成體器官在胚胎中以微小形式出現，然而亞里斯多德和哈維都偏好「漸成」（從零開始創造）。

大事紀

西元前 350	西元 1651	西元 1817
亞里斯多德描述各種動物胚胎的解剖構造	哈維認為發展是「一切都來自卵子」	潘德爾定義胚層和它們的器官系統

德國的胚胎學家卡斯帕爾‧弗雷德里希‧沃爾弗（Caspar Friedrich Wolff）也研究小雞，證明身體結構只在發育期間出現。例如他觀察到平面組織摺疊後形成腸子，就像如果一張紙的相反兩端被推向彼此會造成管子。沃爾弗在 1767 年推論：「充分考量腸子的形成方式之後，我相信，漸成的真實性幾乎沒什麼值得懷疑。」

胚層到器官

現代胚胎學是由三位友人建立，他們全都來自波羅的海區域，出生時間彼此相隔一年左右，而且都在德國北部研究，他們分別是：卡爾‧恩斯特‧馮拜爾（Karl Ernst von Baer）描述發展的過程，馬汀‧拉特克（Martin Rathke）比較各種脊椎動物的相似結構，以及海因茨‧克里斯蒂安‧潘德爾（Heinz Christian Pander）發現器官系統源自不同的胚層。潘德爾只花 15 個月研究小雞，期間他發現動物胚胎有三個「胚層」：外胚層最終形成表皮和神經；內胚層形成內部的結構，像是消化系統和肺之類的器官；中胚層夾在其他兩個胚層之間，製造血液和骨骼、心臟和腎臟、生殖腺和結締組織。海綿和水母這類的簡單生物是「雙胚層」，因為牠們只有兩層（沒有中胚層），而三層動物則是「三胚層」。

相似結構

德國的胚胎學家馬汀‧拉特克在 1830 年代比較脊椎動物的同時，描述了咽弓，這是發展成魚的部分鰓器、哺乳動物的下顎與耳朵的結構。用演化的名詞來說，鰓和耳朵是「同源的」，因為它們源自於共同祖先。同源的最著名例子是前肢，亦即靈長類的手臂、海豚的鰭肢、鳥類的翅膀，它們是所有四足動物的前腳。另外，相似形式可能是「同功的」，因為它們不是從共享的祖型結構發展出來，但卻有相同功能，例如鳥、蝙蝠和翼龍的翅膀。鳥類拍動牠們的「手臂」、蝙蝠使用牠們的「手指」，而滅絕的翼龍從特別長的第四指伸展出翅膜。昆蟲的翅膀跟腿沒有關係。解剖結構或許因為基因之間的複雜交互作用而看來不同，但有許多在演化的過程中改變不多──利用一個物種的 DNA 序列掃描另一個物種的基因組，可以測到不同物種的同源基因。在發展的某些方面，像是製造身體形狀（形態學），血緣關係遙遠的物種基因，甚至能彼此取代而沒有顯著影響。

西元 1828
馮拜爾定律說明脊椎動物的結構發展

西元 1832
拉特克描述各種動物的相似結構

西元 1940
洛里斯描述神經細胞的遷移和命運

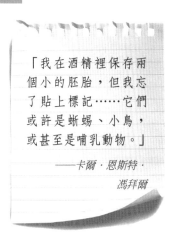

「我在酒精裡保存兩個小的胚胎，但我忘了貼上標記……它們或許是蜥蜴、小鳥，或甚至是哺乳動物。」

——卡爾・恩斯特・馮拜爾

潘德爾在 1817 年發現，胚層唯有其他層存在才會產生器官。這個誘發——細胞促使彼此發育——原則構成身體形狀（形態學，參見第 31 章）的基礎，幹細胞也藉此變得特化。

馮拜爾研究小雞發育後發現脊索，這是誘發外胚層附近形成神經細胞的棒狀支柱。他在 1828 年說明區別不同的脊椎動物相當困難，由此發展出「馮拜爾定律」（Von Baer's law）：首先，一般特徵在不同動物的早期胚胎看起來都很相似；第二，特化特徵從一般特徵發展出來（因此羽毛、頭髮和魚鱗都從皮膚形成）；第三，一個物種的胚胎沒有超出其他物種的發展階段；第四，高等動物的胚胎絕不像低等動物，但只像牠們的胚胎。這個定律造就博物學家恩斯特・海克爾推廣的「生物發生律」：個體發展反映演化的歷史。

定位遷移

生命由細胞組成的理論在 1800 年代後期落實，生物學家接著很快開始研究卵如何變成多細胞的身體。艾德溫・康克林（Edwin Conklin）能追蹤囊狀海鞘的細胞命運，因為它的組織含有不同色素，但其他生物必須用染料染色或加上輻射標記。生物學家的目標是對各個物種建立各自的「發育命運圖」，標示成體或幼體的結構來自胚胎的哪個區域。某些細胞在胚胎發生期間遷移到身體各處，誠如美國的動物學家瑪莉・洛里斯（Mary Rawles）在 1940 年所示，她使用的細胞來自名為神經脊的區域，之後會移動到表皮。變成精子或卵子的原生生殖細胞也會遷移，從富含卵黃的細胞移到生殖腺，而血液幹細胞最終是到達肝臟和骨髓。

卵裂

產生多重細胞的受精卵分裂，沿著卵黃分布形成的軸開始：較稀的一端是「動物」極，而富含蛋黃的那端是「植物」極。奧斯卡・赫特維希在 1800 年代觀察到卵裂，當時他研究的是海膽細胞。然而，一直到

早期胚胎

圖為哺乳動物和海膽在早期發展期間的多細胞胚胎。「桑椹胚」是受精卵（合子）在卵裂後製造的任何實心細胞球，由大約 12 個細胞組成。「囊胚」是中空球體，通常包含數百個細胞，而在胎盤哺乳動物中，「內細胞團」形成胚胎。「原腸胚」有兩或三層產生器官系統的「胚層」，動物由此開始發展自己的身體形狀（形態學）。

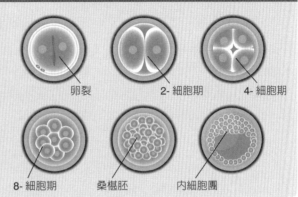

卵裂　　　2- 細胞期　　　4- 細胞期

8- 細胞期　　桑椹胚　　內細胞團

1984 年才由馬克‧克氏（Marc Kirschner）找到觸發物：「成熟促進因子」（maturation-prompting factor, MPF）蛋白質，告知細胞在 DNA 複製和有絲分裂之間快速切換。

卵裂的速率比任何其他的細胞分裂都快：例如，果蠅胚胎在 12 小時內長成 5 萬個細胞。在 16- 細胞期以前，任何實心球都被稱為「桑椹胚」，在那之後出現中央空腔，形成中空的球體或「囊胚」。

原腸胚形成會製造「原腸胚」的三個胚層——外胚層、中胚層、內胚層，造成胚胎的生理改變。例如在海膽中，內胚層向內摺疊，而中胚層細胞往球體的中央遷移。這些過程需要鄰近細胞之間的協調生長和移動，是胚胎發生的重要階段。套句發展生物學家路易斯‧沃伯特（Lewis Wolpert）的說法：「既不是出生、也不是結婚、更不是死亡，唯有原腸胚形成，才是你生命中真正最重要的時刻。」

重點概念
卵發育成有體層的多細胞生物

31 形態學

胚胎無論是變成沒有肢體的蟲、或長翅膀的鳥，幾乎所有動物都有相同的基本形式，具備三個軸：背腹、頭尾、左右。這個重要的結構是利用共同的遺傳工具組控制，並且在形態發生——創造身體形狀——期間決定。

發展生物學家通常根據基因突變的效果加以命名，這就是為什麼讓果蠅幼蟲體表出現刺突的蛋白質被命名為「刺蝟」（Hedgehog）。1990 年代初期，哈佛的科學家在脊椎動物身上發現刺蝟蛋白質，他們根據不同的物種將之命名。但包勃·里德（Bob Riddle）希望他的分子有個更炫的名字，所以說服老闆克里夫·塔賓（Cliff Tabin）用他從女兒的雜誌看到的新電玩角色命名：「音蝟因子」（Sonic the Hedgehog；譯註：此一名詞是 SEGA 遊戲公司出版的系列遊戲，中文譯名為「音速小子」，但這個蛋白質的命名在中文常用「音蝟因子」）。

音蝟因子蛋白質是形態發生素：命令細胞改變行為的傳訊分子。發展也受細胞對細胞的直接接觸控制，這是刻痕受器（Notch receptor）傳遞信號的方式。它們一起共同決定鄰近細胞的命運，為細胞們提供三維空間各軸上的身分和位置訊息。

後到前

細胞決定鄰居命運的第一個證據，出自背腹（後前）軸的研究。1924 年，希爾德·曼戈爾德（Hilde Mangold）從蠑螈胚胎的「背唇」取出組織，移植到另一個動物的腹側。

大事紀

西元 1924	西元 1948	西元 1978
斯佩曼和曼戈爾德找到蠑螈背腹軸的組織者	桑達士在雞的翅芽中發現近遠的組織者	劉易斯發現定義頭尾體節順序的 Hox 基因

神經系統的組織者

音蝟因子蛋白質和骨形態發生蛋白 4（BMP4）是形態發生素：充當信號的分子，決定細胞的命運和身體的形狀。脊椎動物胚胎在原腸胚形成階段之後，脊索（黑色圓圈）擔任組織者，釋放音蝟因子（Sonic hedgehog, Shh），製造沿著背腹（後前）軸的分子梯度，同時上層的外胚層釋放 BMP4，製造另一個方向的梯度。這些形態發生素梯度（灰色漸層），根據傳訊分子來源的距離，激發神經管中的神經元特化成不同的細胞類型（神經管形成）。

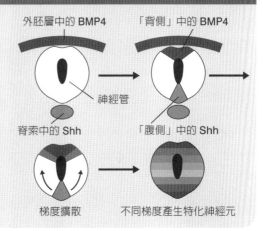

外胚層中的 BMP4　「背側」中的 BMP4
神經管
脊索中的 Shh　「腹側」中的 Shh
梯度擴散　不同梯度產生特化神經元

多虧了蠑螈的不同顏色，讓德國的胚胎學家能追蹤原腸胚形成階段的發展，這個時期的胚胎有三個胚層（參見第 30 章）。移植的組織似乎「籌劃」外側的外胚層：預定成為表皮的細胞轉變成神經組織，製造出第二個背腹軸，產生前到前的雙胞胎蝌蚪。曼戈爾德在她發表研究結果前不幸過世，但她的指導老師漢斯·斯佩曼（Hans Spemann）繼續這項研究，後來因為「組織者效應」榮獲諾貝爾獎。

半個世紀以來，生物學家都認為「斯佩曼組織者」釋放信號，促進神經組織發展。然而在 1989 年，奧斯特·格魯茲（Horst Grunz）和洛塔爾·塔克（Lothar Tacke）證明，當非洲爪蟾的外胚層被切分成細胞時，唯有在一小時內重新結合才會形成表皮，時間更久就變成神經組織。因此，斯佩曼組織者不是促進「神經管形成」，而是「阻止」細胞遵從它們預設的命運。

組織者釋放的關鍵分子在 1996 年發現，是一種被稱為「骨形態發生蛋白 4」（bone morphogenetic protein 4, BMP4）的生長因子。BMP4 這類的形態發生素是防止改變的「抑制劑」，而像音蝟因子的「誘導劑」則是促進發展。音蝟因子也幫忙決定中樞神經系統的極（背或腹）。菲力普·英厄姆（Philip Ingham）在 1993 年證明，斑馬魚體內的音蝟因子由脊索製造，是神經管的基礎，而安德魯·麥馬漢（Andrew McMahon）在老鼠身上發現相同的結果。外胚層和脊索的組織者效應（分別釋放 BMP4 和音蝟因子）顯示，細胞的命運掌握在它跟形態發生素來源之間的距離。1969 年，英國的發展生物學家路易斯·沃伯特提出，形態發生素製造各組織間的化學物質梯度，形成定義細胞身分的界線。BMP4 和音蝟因子激發的後到前「神經管形成」是其中一個例子。

頭到尾

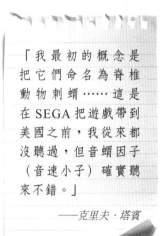

「我最初的概念是把它們命名為脊椎動物刺蝟……這是在 SEGA 把遊戲帶到美國之前，我從來都沒聽過，但音蝟因子（音速小子）確實聽來不錯。」

——克里夫·塔賓

1980 年，克里斯汀·紐斯林—沃爾哈德（Christiane Nüsslein-Volhard）和艾瑞克·威斯喬斯（Eric Wieschaus）在果蠅體內發現製造上下（頭尾）軸的形態發生素 Bicoid，同時還有其他 12 個基因，包括最初的「刺蝟」。發展生物學界真的得好好感謝果蠅：1915 年，卡爾文·布里奇斯（Calvin Bridges）——摩根的學生、同屬於哥倫比亞大學的知名果蠅室——發現了「雙胸」（Bithorax）基因。發生突變時，這個「基因」讓果蠅中間部分的特徵加倍，所以命名為雙胸。1978 年，美國的遺傳學家愛德華·劉易斯（Edward Lewis）發現「雙胸」實際上是一群基因，突變的位置正好與它影響的身體部位相配。劉易斯據此推論，各體節的身分由基因在染色體上的排列順序決定，回應沿著頭尾軸產生的形態發生素梯度。1984 年，沃爾特·格林（Walter Gehring）和馬修·史考特（Matthew Scott）帶領的團隊發現，雙胸和另一群基因包含一個名為「同源異形」（Hox）的基因序列，讓編碼的蛋白質結合 DNA。因此，

Hox 蛋白質藉由切換 DNA 開關控制發展。1989年，生物學家在各種動物身上發現 Hox，從青蛙和魚類，到老鼠和人類。

左到右

就外表而言，多數動物的兩側看起來完全相同，但兩邊對稱並不適用於內部器官，例如你的心臟只有一顆。

如果人類器官的定向被翻轉，會造成一種罕見症狀——「內臟逆位」，每 25000 人中至少有一個人出現這種狀況。1995 年，遺傳學家克里夫·塔賓——分離出音蝟因子的哈佛實驗室老闆——注意到，小雞胚胎的「原始節點」左邊，有蛋白質短暫地不對稱產生。當塔賓的團隊觀察到左邊製造、名為「節點」（Nodal）的蛋白質後，他們迫使細胞在右邊製造音蝟因子，這樣有時會讓心臟轉位。

日本的科學家目野主稅（Chikara Meno）在 1996 年發現「左撇子」（Lefty）基因，後來證明是兩個元素：Lefty-1 和 Lefty-2。這樣的命名實際上是誤稱，因為 Lefty-1 幫助細胞維持「右撇子」的身分，阻止節點蛋白質跨越老鼠胚胎的中線送出「左撇子」信號。1998 年，廣川信隆（Nobutaka Hirokawa）和同事發現左右軸的終極原因，他們證明原始節點有帶著絲狀纖毛的細胞，以逆時針的方向旋轉。

近到遠

肢體從胚胎的外胚層沿著近遠（軀幹到肢體）軸向外生長。1948 年，美國的生物學家約翰·桑達士（John Saunders）在小雞翅芽的頂端發現組織者，並且證明如果移除那個頂端——頂端外胚層脊（apical ectodermal ridge, AER）——會造成肢體截斷。AER 也能組織其他的胚層：桑達士在 1957 年證明，當預定成為大腿的中胚層被植入 AER 時，它會發展出腳的結構。桑達士也在翅芽後（尾）端發現組織者，將之移植到前端時，產生複製趾的鏡像。1975 年，路易斯·沃伯特提出這個「極化活動區」（zone of polarizing activity, ZPA）釋放形態發生素，而包勃·里德和克里夫·塔賓在 1993 年找出那個分子。想當然爾，這個形態發生素就是音蝟因子。

重點概念
分子梯度決定細胞的身分和位置

32 色彩

從斑馬的條紋到顏色變來變去的變色龍，動物的外表呈現令人目眩的多樣視覺圖案。色彩產生的特徵是生存與繁殖所必需，像是欺騙掠食者或獵物的保護色，以及吸引異性的交配信號。既然如此，那身體如何創造這些顏色圖案呢？

顏色是天擇的結果：普遍來說，均一色是對物理環境的適應，例如皮膚調整顏色吸收熱或避免陽光傷害，然而圖案的演化受到生物互動驅使。身為唯一長著眼睛的生物，動物理所當然成為自然界中視覺表演的目標觀眾，外觀變化的目的有兩個：隱蔽（偽裝和讓個體更醒目或樸素的其他生態策略）或溝通（傳送誠實的信號，例如箭毒蛙的警告色彩，或是製造假象，例如擬態）。誠如達爾文在他 1871 年出版的《人類的由來及性選擇》（*The Descent of Man and Selection in Relation to Sex*）所提，色彩信號使雌性能選擇配偶。

色素和結構

哺乳動物大多是深深淺淺的灰色或棕色，因為牠們只能在皮膚或毛髮添加一種色素——黑色素——製造變化。色素被包在「色素細胞」內部的脂質囊泡裡，這種特化細胞藉由內含色素的囊泡分布，製造出深淺和顏色。其他脊椎動物從不同的來源獲得顏色，像是食物中類胡蘿蔔素分子的黃色或紅色，製造出粉紅火鶴這樣的生物。鳥類和哺乳類有一種色素細胞（黑色素細胞），而魚類則有許多種色素細胞。

大事紀

西元 1665	西元 1871	西元 1973
虎克的觀察揭開孔雀羽毛的顯微結構	達爾文描述天擇如何驅動性別之間的顏色差異	梅辛傑透過測試證實章魚是色盲偽裝

顏色是由物體反射到眼中的光波決定。孔雀尾巴的藍棕之「眼」具有一種潛藏色素，但羽毛的結構使光分散，製造出兩種顏色。這種物理效應是英國的博學家羅伯特‧虎克在 1665 年出版的《微物圖解》書中首次提出，他看見羽毛有類似珍珠母貝的薄板。結構色彩也製造魚類的銀藍色：彩虹色素細胞的膜含有許多鳥糞嘌呤—— DNA 的一個化學鹼基——製造的反射板。事實上，幾乎所有的藍色和彩虹色（從蝴蝶的翅膀到鳥的全身羽毛）都是因為顯微或奈米結構將光反彈。

圖案

腹背的反蔭蔽，也就是背部的顏色比腹部深，是種簡單卻有效的圖案，能為動物（例如魚和鳥）提供基本的保護色。從上往下看，比較難看到在地上或深水裡的牠們。從下往上看，牠們較淺的腹部很難在明亮的天空中被發現。反蔭蔽的發展透過荷爾蒙控制，像是哺乳動物的「刺鼠信號肽」，這是理查‧沃奇克（Richard Woychik）、威廉‧威其遜（William Wilkison）和羅傑‧科內（Roger Cone）帶領的美國研究者在 1994 年的發現。

複雜的圖案如何製造呢？色素細胞源自神經脊，是胚胎幹細胞的短暫聚集，也能產生部分的頭和周邊神經系統。隨著生物發育為成體，色素細胞會分裂和遷移，製造不同的顏色強度和圖案。斑馬魚（*Danio rerio*）是研究脊椎動物圖案的模式生物，研究者已經找出一百多個影響圖案形成的基因。例如，德國的生物學家克里斯汀‧紐斯林—沃爾哈德在 2003 年證明，名符其實的「花豹」基因如果發生突變，就會改變不同色素細胞之間的交互作用，造成動物長出斑點而非條紋。

> 「雄性幾乎永遠是求愛者……身披最豔麗醒目的顏色，往往排列成精緻優雅的圖案，然而雌性通常是一身樸素。」
>
> ——查爾斯‧達爾文

西元 1994	西元 2003	西元 2015
發現哺乳動物中控制黑色素累積的荷爾蒙	紐斯林—沃爾哈德證明圖案受到色素細胞的交互作用影響	米林柯維奇發現變色龍利用皮膚裡的晶體改變顏色

生物發光和螢光

雖然多數生物的顏色仰賴反射的光，但有些能產生自己的照明。這種光是透過化學反應發出：色素螢光素與氧結合後發出光芒，而水母素的活化是因為鈣。生物發光在無脊椎動物中特別常見，扮演的角色跟顏色圖案相同，都是為了溝通或隱蔽，例如發光的蟲警告掠食者自己有毒、成年螢火蟲的目標是吸引異性交配，而螢火魷發出光是為了偽裝，作用就像是反蔭蔽。發光動物也為分子生物學提供最有用的工具之一：綠色螢光蛋白（green fluorescent protein, GFP）。跟其他螢光分子在一起時，受光（包括水母素產生的螢光）活化的 GFP 會發光。螢光蛋白和水母素都是在 1961 年由日本的科學家下村脩（Osamu Shimomura）從水母身上純化出來。1992 年，道格拉斯·普瑞舍（Douglas Prasher）分離出 GFP 基因，並且提出將它用作基因活動可視化的「報告者」：把 GFP 基因插入感興趣的基因旁邊，你能根據 GFP 的發光看見兩個基因是否被打開。兩年後，美國的生物學家馬丁·查爾菲（Martin Chalfie）在線蟲身上證明這點。錢永健（Roger Tsien）後來製造其他顏色，開啟了照亮生物過程的彩虹革命。

因此，斑馬魚的發育，有助於解釋花豹如何得到牠的斑點。

動態改變

雖然變色龍能利用保護色，但牠們改變顏色主要是為了溝通。蜥蜴同樣會在興奮時從綠色變成紅色。許多動物出現動態的顏色改變，可以假設這是受荷爾蒙控制的生理變色，通知色素細胞將它內含色素的囊泡分散或聚集以改變亮度。然而在 2015 年，生物學家米歇爾·米林柯維奇（Michel Milinkovitch）發現，七彩變色龍利用皮膚裡的一層彩虹色素細胞中的晶體，改變自己的顏色。這些「光子奈米晶體」是由鳥糞嘌呤製成，就像魚的細胞裡的反射堆。變色龍可以「調整」晶格中原子之間的間距，校正反射的光。不但能偽裝和求偶展示，或許也還能調節溫度。

然而，顏色改變大師並不是變色龍，而是頭足動物：章魚、烏賊和魷魚。精密的神經系統和眼睛，讓頭足動物能迅速評估視覺景象，利用明暗模式讓身體配合背景，妨礙其他動物辨認牠們的輪廓和形狀。跟脊椎動物不同的是，頭足動物的色素細胞並不是真的細胞、而是器官：含有色素和肌肉的伸縮囊，由運動神經元控制。因此，牠們的色素細胞不是仰賴動作遲緩的荷爾蒙，而是直接由腦部控制，使牠們能快速地改變顏色。

斑點和條紋

斑馬魚通常沿著身體長有四到五條的藍黃條紋。發展生物學家已經找出大約 20 個基因，能在突變後製造不同的圖案卻不影響生存。這些基因影響色素形成、顏色細胞，或細胞之間的交互作用。例如，「花豹」基因的突變影響細胞對細胞的交互作用，產生帶有斑點的斑馬魚。

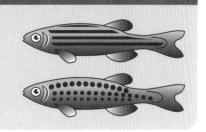

普通章魚（*Octopus vulgaris*）可以在兩秒內從徹底偽裝變得醒目。

奇怪的是，雖然配合環境需要有能力看到環境，但多數的頭足動物實際上是色盲。英國的動物學家約翰‧梅辛傑（John Messenger）已在 1973 年證實這點，他訓練的章魚能區辨不同的亮度，但無法辨別色調（顏色）。2005 年，生物學家莉迪亞‧梅特格（Lydia Mäthger）和羅傑‧漢倫（Roger Hanlon）將烏賊放在黃／藍或綠／灰的方形棋盤，配合牠視色素的峰值波長（492 nm）。烏賊在兩個測試中都失敗，牠的反應都是均一的身體圖案。所以即使頭足類是色盲偽裝，但牠們依然可以愚弄其他動物。

重點概念
動物的顏色圖案並非一成不變

33 免疫力

生物不斷受到病原體和寄生蟲的攻擊，它們的目標是剝削宿主的內部資源來繁殖，可能會造成引發宿主生病、有時甚至死亡的感染。因此，生命發展出強而有力的防禦系統，擊退外來的入侵者。

抵抗感染的能力，最早是由希臘的歷史學家修昔底德（Thucydides）在人類身上觀察到，他發現在西元前 430 年從雅典大瘟疫存活下來的人，之後不會再得到這種疾病。免疫在 1796 年成為一門科學，當時的英國醫生愛德華‧詹納（Edward Jenner）證明，接觸過牛痘病毒的病人對天花有抵抗力。經過兩百年的時間，研究者發現多數的生物具有兩大類免疫系統：先天性和適應性。

先天性免疫

身體屏障是對抗入侵的內建第一條防線。微生物有細胞壁，而多細胞生物則是被大片無法穿透的外層覆蓋：植物的角質層、昆蟲的外骨骼，或脊椎動物的皮膚。脆弱的區域則分泌黏液捕捉可能的入侵者，範圍可能涵蓋身體的整個表面或只在開口處的弱點，例如兩棲動物全身都是黏液，而你只有鼻孔滲出鼻涕。黏液含有像「防禦素」的保護分子，這種小型蛋白質的作用是在膜上打洞，造成入侵者的細胞出現裂縫。因此，大多數的病原體完全無法強行闖入身體。

大事紀

西元 1796	西元 1882	西元 1895
詹納利用疫苗接種（種痘）產生對抗天花病毒的後先性免疫	梅契尼可夫觀察到吞掉外來物質的吞噬細胞	博爾代從血液中分離出抗菌蛋白質的補體系統

　　然而就算成功，入侵者接著還得避開宿主的監測系統——透過微生物的分子特性感測入侵者。例如，含糖聚合物「脂多醣」是細菌的細胞壁所獨有，這樣的「病原體相關分子模式」（pathogen-associated molecular pattern, PAMP）會與宿主細胞表面的受器相配。在動物當中，PAMP 能被補體系統偵測，這是比利時的微生物學家朱爾‧博爾代（Jules Bordet）在 1895 年發現一組循環蛋白質。補體能結合成「膜攻擊複合物」，作用像防禦素能使入侵者破裂，或黏上 PAMP 像是死亡標記。1882 年，俄國的生物學家埃黎耶‧梅契尼可夫（Ilya Metchinikoff）觀察到外來物質被吞噬細胞包圍和吞掉。這些免疫細胞吃光所有覆在 PAMP 表面的東西（補體蛋白質或抗體），然後用酸、酵素和自由基消化它們。

HIV

反轉錄病毒特別危險，因為它們的複製速度很快，而且演化速度超過宿主一千倍。最為人所知的反轉錄病毒是人類免疫缺乏病毒（HIV）。HIV 的病毒結構是兩股 RNA 被圓錐狀蛋白質衣殼包圍，最外層還有球狀的脂肪磷脂包膜，大約 70% 的 HIV 蛋白質（醣蛋白複合物）嵌入其中。這些構造使病毒有能力附著、入侵，並且在身體的白血球裡複製。保護身體免受病原體侵害的白血球若遭到破壞，就會罹患後天免疫缺乏症候群或稱愛滋病（AIDS）。自從在 1980 年代發現後，HIV／AIDS 已成為全球的流行病，世界各地約有 3400 萬人受到感染。

　　免疫細胞有時候像保全人員，跟著循環一路巡邏並且檢查細胞的身分證：細胞表面的分子聚集，因為病毒和其他細胞內寄生物通常會產生洩漏行蹤的可疑分子。在脊椎動物中，體內細胞交給細胞表面的「主要組織相容性複合物」（major histocompatibility complex, MHC）蛋白質審查。這些蛋白質配合分子的能力各有不同，因此個體的 MHC 基因會影響他們對特定病原體的自然免疫力。偵測到入侵時，免疫細胞和受感染細胞都釋放化學信號，發出身體正遭受攻擊的警報，召集更多幫手到感染的位置。細胞也能指示鄰近的血管擴張，好讓幫手能更容易地通過，這些動作使得防禦逐漸累積，造成發炎的腫脹和發紅。

西元 1957
麥克法蘭‧伯內特提出後天性免疫的株落選擇說

西元 1974
利根川證明抗體多樣性是因為基因超突變而產生

西元 1998
法厄和梅洛發現病毒遺傳物質的 RNA 干擾

同種異體移植、過敏和自體免疫

免疫通常是根據敵友、「自己人」和「非自己人」來描述。然而這有可能忽略來自內部的威脅，像癌症是自己人，但卻一點都不友善。因此比較好的用詞是陌生和熟悉：陌生的抗原包括先天性免疫系統能辨認的病原體相關分子模式和病毒的 RNA。然而，抗原可能經由「免疫耐受」變得熟悉，這就超出區辨自己人和非自己人的能力。發展的早期階段會自然發生免疫耐受，訓練身體的防禦，不要對自己的抗原有所反應。倘若沒有發生免疫耐受，身體就會攻擊自己，造成自體免疫疾病。如果免疫系統沒有受到訓練，知道要忽略無害的物質（像是花粉）或食物過敏原（例如花生蛋白），結果就是過敏。免疫耐受性也可以人為操作，使得來自相同物種的組織——同種異體移植物——能被身體接受。英國的生物學家彼得‧梅達沃（Peter Medawar）在 1953 年證明這點：當胎鼠或新生鼠被注射另一隻老鼠的細胞後，牠們未來能接受同一隻捐贈鼠的移植物。這有助於防止組織和器官移植的排斥。

病毒能感染各種形式的細胞生命，因此所有生物都努力地開發抗病毒的防禦。細菌和古菌利用「限制酶」，在可辨認的序列處切開遺傳物質。細胞具有雙股 DNA 基因組並產生單股 RNA 轉錄，因此若出現長的雙股 RNA（double-stranded RNA, dsRNA）——許多病毒在複製基因組同時製造的分子，就是很明顯的感染徵象。1998 年，美國的生物學家安德魯‧法厄（Andrew Fire）和克雷格‧梅洛（Craig Mello）發現，線蟲特別會切碎 dsRNA。其他物種的研究顯示，這個過程需要「RNA 誘導沉默複合體」（RNA-induced silencing complex, RISC），這種酵素也被叫做切片機和切碎機。許多動物和植物都利用這種 RNA 干擾（譯註：是由雙股 RNA 誘發的基因沉默現象，透過阻礙特定基因的轉譯或轉錄來抑制基因表達。）的過程，而脊椎動物則是產生「干擾素」，通知分子召集免疫細胞，並且指示鄰居減緩代謝活動，中斷病毒的進程。

適應性免疫

生物的一生當中，免疫系統會逐漸適應而認得和記住入侵者。2005 年，微生物學家發現細菌和古菌將病毒的遺傳物質貯存在自己的 DNA 裡：Cas（CRISPR associated）酵素切碎病毒的基因組，然後將一小段貼在宿主的基因組作為「群聚規律間隔的短回文重複」（Clustered Regularly Interspaced Short Palindromic Repeats, CRISPR）序列，也就是病毒入侵者的基因記憶。如果相同病毒再次入侵，便能以此作為模板，標定和切斷相配的基因。

原核生物曾被視爲太過簡單而無法具有「免疫記憶」，但如果 CRISPR／Cas 系統存在，那麼所有生命都可能具備某種適應性免疫。

哺乳動物有最精密的適應性系統，這要感謝適應配合不熟悉抗原（「抗體製造者」）的抗體。這些蛋白質由血流和淋巴系統裡巡邏的兩種免疫細胞製造：T 細胞利用抗體作爲表面受器，B 細胞將它們釋放到循環。抗體經由達爾文演化般的過程適應抗原。1974 年，日本的生物學家利根川進（Susumu Tonegawa）發現，部分的抗體基因會混合搭配，像是在製造精子或卵子時染色體之間的互換。當 B 細胞遇到外來的抗原時會快速分裂，在 DNA 複製期間引出錯誤。體細胞重組和超突變這兩個過程，創造出各式各樣的抗體蛋白質。誠如澳洲的病毒學家弗蘭克・麥克法蘭・伯內特（Frank Macfarlane Burnet）在 1957 年所提，免疫細胞接著通過類似天擇的過濾器：最適應的細胞（抗體與抗原相配）最終會戰勝病原體。抗體能使病原體的入侵能力失效，也能標記入侵者讓先天性免疫系統偵測。一旦入侵者被擊敗，少數 B 細胞會作爲「記憶細胞」繼續循環。發展適應性免疫可能需要幾天或幾個星期，但它能提供長期的保護。免疫力也可以人爲獲得。現代的疫苗含有減毒的病原體或它的抗體，可以訓練適應性系統發展抗體，也會影響感染的形式。

「被系統吸收時，各種發病物質可能產生的效果某種程度類似。」

——愛德華・詹納

重點概念
防禦可能是先天或是對外來入侵的適應

34 恆定性

為了生存，生物需要保持體內狀態的相對穩定。這穩定需要透過恆定性維持，這個系統是不斷抵銷外在世界的改變、避免內在環境受損的生理過程。

兩千年來，西方醫學奠基於體液的概念：認為四種液體——血液、黏液、黃膽汁和黑膽汁——失去平衡是造成疾病的原因。這個想法被希波克拉底（Hippocrates）（西元前 460～370 年）發揚光大，他是古希臘時代的醫生，堅持疾病有自然而非超自然的成因。支持體液想法的人，在十九世紀隨著免疫學的發展逐漸減少，科學家開始轉而辯論疾病的主要成因是微生物、或身體對於威脅的反應，加拿大的醫生威廉·奧斯勒（William Osler）將這樣的辯論比喻成「種子或土壤」。建立疾病菌源說的路易·巴斯德相信種子，而他的同事生理學家克洛德·貝爾納（Claude Bernard）站在土壤這邊——身體的免疫反應。根據傳聞，巴斯德最終勉強承認說：「貝爾納是對的。微生物不算什麼，土壤才是一切。」

貝爾納發現「土壤」對變化的幾種反應方式。他根據主要對哺乳動物進行的實驗，發展出「內環境」的概念，亦即浸泡和滋養細胞的液體。大約在 1876 年，貝爾納提出更深遠的意見：動物和植物透過生理機制維持內在的世界不變，這個機制會持續地抵銷外在的改變。1929年，美國的生理學家沃爾特·坎農（Walter Cannon）將這個機制命名為「恆定性」（homeostasis）（亦可稱為穩態）。

大事紀

西元 1876	西元 1894	西元 1929
貝爾納提出生理過程維持內環境不變	喬治·奧利弗（George Oliver）和愛德華·薛費爾（Edward Schafer）發現腎上腺素這種「戰或逃」荷爾蒙	坎農在將之描述為負回饋系統後，創造「恆定性」的名詞

負回饋

坎農在二十世紀初期的研究延續貝爾納的理論，他指出生物試圖保持內環境的變項接近理想值，例如人體的核心溫度是 37°C（98.6°F）：「系統內部的自動調整被啓動，因此避免大範圍的振盪，使得內在的狀態保持相當地恆定。」今日，我們將這些自動調整稱負回饋迴圈。

恆定性將身體視爲一種機器，一個自動控制系統。每個生理變項都由「同態調節器」調節，它的作用就像家裡藉負回饋運作的溫度調節器：溫度調節器在房子變冷時打開暖氣系統，夠暖時關掉暖氣（或甚至啓動冷氣）。在哺乳動物身上，溫度升高會促進排汗並且使血流轉向皮膚、幫助散熱，而當溫度降低時則引起顫抖，透過肌肉活動產生熱，並且收縮表面血管、將血液重新導向內部器官。其他變項也由類似的負回饋迴圈控制，保護身體不受外在波動的影響。

> 「所有至關重要的機制……永遠都具有一個目的，那就是維持生命的內環境狀態健全。」
>
> ——克洛德·貝爾納

急性和慢性壓力

我們應該可以把「壓力」怪在漢斯·塞利（Hans Selye）的頭上。1936 年，奧地利裔加拿大的生理學家描述他的實驗，他讓老鼠遭受各種「有害因素」，包括環境太冷、運動過度，以及注射甲醛。無論壓力源是什麼，他都看見相同的病理症狀出現：腎上腺腫大、免疫組織耗損，以及出血性腸潰瘍。塞利使用「壓力」（stress）一詞來描述這種反應，將原義爲造成拉緊或變形的物理力，重新定義爲對抗改變、有效地讓身體回復恆定狀態的生物力。

西元 1936	西元 1988	西元 1998
塞利提出不同的壓力源引發相同的壓力反應	史特林和愛爾提出透過變穩態適應外在壓力	高斯登和同事證明沒有單一的壓力反應

壓力軸

發生緊急狀況時，生物的第一要務是短期存活。在脊椎動物中，腦會活化下視丘－腦垂體－腎上腺皮質（HPA）軸，這是涉及三種內分泌（荷爾蒙）腺的負回饋系統：下視丘和腦垂腺在腦幹上方，而腎上腺在腎臟上方（或兩棲類和魚類的腎間器官）。接觸壓力源後，交感神經系統觸發腎上腺立即釋放兒茶酚胺〔腎上腺素和去甲腎上腺素（舊稱正腎上腺素）〕，將身體切換成「戰或逃」模式，因此肌肉和新陳代謝都為行動做最好的準備。然後下視丘分泌促腎上腺皮質素釋放因子（corticotropin-releasing factor, CRH），這種促進腦垂體釋放促腎上腺皮質素（adrenocorticotrophin, ACTH）的神經傳導物，接著在血流中循環，刺激腎上腺產生糖皮質素（glucocorticoid, GC）荷爾蒙——多數哺乳動物和魚類的皮質醇（或稱可體松）、鳥類和爬蟲類的皮質固酮。血液中的 GC 荷爾蒙激增是急性壓力反應的特徵，半小時內會達到高峰，改變生物的生理和行為，好讓他能因應或離開壓力的情況。當腦部偵測到 GC 荷爾蒙時，負回饋迴圈開始生效，關閉 HPA 軸，然後逐漸回復到生物在遇到緊急狀況以前的狀態。

塞利將這個反應稱為「一般適應症候群」，並且提出三個階段：最初是「警報反應」，接著透過「抵抗」來適應，若到了「衰竭」可能導致死亡。現在已將這些併入現代的下視丘－腦垂體－腎上腺皮質（hypothalamic-pituitary-adrenocortical, HPA）軸。

1976 年，塞利將壓力定義為「身體對任何需求的非特定反應」。「非特定」指的是他實驗的老鼠對壓力源的反應出現相同症狀，由此推導出的「壓力症狀」概念（像是腎上腺素激升），但是很快就過時。例如在 1998 年，大衛‧高斯登（David Goldstein）和同事測試塞利的理論，他們讓老鼠接觸壓力源（例如冷和甲醛），然後在 HPA 軸上發現不同的荷爾蒙濃度。壓力源激起的不是單一、非特定的「壓力反應」，而是各有獨特生理特徵的不同反應。

應變穩態

　　人體內，靜止的骨骼肌大約每分鐘使用一公升的充氧血，但全力爆發時需要差不多 20 倍以上。生理活動取決於外在世界的需求。1988年，美國的神經生物學家彼得・史特林（Peter Sterling）和約瑟夫・愛爾（Joseph Eyer）指出，生物能藉由改變而維持穩定，他們提出「應變穩態」（allostasis）這個名詞，意思是經由動態變化保持內環境恆定。同樣用家中的溫度調節器比喻，舒適的溫度會根據白天和傍晚、夏天和冬天設定。各個變項（例如核心溫度和血糖）的設定是由腦部協調。壓力源等於是打開窗戶或門，造成讓身體處於緊張的「應變穩態負荷」（或譯「身體調適負荷」），致使身體的設備耗損——慢性壓力的效果。

　　原始的恆定理論——有機體維持內環境大約不變的狀態——太過簡單。人類生理學家偏好應變穩態，但目前許多動物學家將貝爾納的內環境、坎農的負回饋和塞利的壓力反應加以結合。恆定性現在已不是防止內在改變的機制，而是以通過環境挑戰為基礎的整體概念。

重點概念
調整內在環境適應外在改變

35 壓力

生物若被迫離開舒適圈，內在的環境可能變不穩定而導致壓力：失去體內的恆定性。壓力源可能包括冷和熱、飢餓與乾旱、身體和心理的損傷，所有一切都可能觸發不一定有用的生理反應。

　　生物對壓力狀況如何反應？有個策略是動作：例如，敏感的含羞草（*Mimosa pudica*）被碰到時會將薄薄的葉子收摺起來，許多動物可能捲成球狀，保護自己免受外界傷害，像是土鱉蟲、穿山甲和宿醉的人。逃跑是另一個選擇，但是樹沒有辦法自己連根拔起，而蝸牛則跑不遠。但無論生物是否能動，快速的環境改變都可能造成傷害，這就是為什麼生命演化出類似的機制，因應突如其來的壓力。

熱休克

　　1962 年的某一天，義大利的遺傳學家費魯喬・里托薩（Ferruccio Ritossa）看著顯微鏡底下的果蠅染色體，注意到有些部分看起來有點膨大。檢查培養細胞的培養器後，他發現有個同事意外地調高培養器的溫度。染色體在 25℃（77℉）是正常的，但是當里托薩刻意將細胞放在 30℃（86℉）下培養 30 分鐘時，膨大就會出現。在這前一年，西德尼・布倫納證明 DNA 的遺傳訊息由中間分子（信使 RNA）攜帶到製造蛋白質的核糖體，因而里托薩認為，他看到的染色體膨大是由於基因活動正在製造 RNA，但它編碼的蛋白質直到 1975 年才分離出來。因為這種蛋白質的製造是反應溫度誘發的壓力，所以它被命名為「熱休克蛋白 70」（HSP 70）。

大事紀

西元 1936	西元 1936	西元 1948
塞利提出慢性壓力導致「一般適應症候群」	肯德爾從腎上腺分離出皮質酮和其他荷爾蒙	亨奇證明皮質酮治療能減輕關節炎的症狀

熱休克蛋白對細胞相當重要。溫度會影響代謝過程，控制它們的蛋白質摺疊可能因為熱發生改變。而錯誤摺疊的蛋白質可能異常地交互作用和聚集，就像神經退行性疾病（如阿滋海默症）出現的狀況。1984 年，英國的生物學家休伊・佩勒姆（Hugh Pelham）證明，熱會觸發老鼠和猴子的細胞聚集，但外加的 HSP 70 能讓細胞更快復原。佩勒姆之後提出，HSP 70 的作用是跟異常的結構結合，強行分開它們，釋放正確摺疊的蛋白質。熱休克蛋白有許多種，但全都屬於一群引導蛋白質摺疊的「分子伴護蛋白」。

附在 DNA 開關的「熱休克因子」偵測到細胞壓力後會活化基因，這些基因先轉錄成 RNA（造成染色體膨大），然後編碼熱休克蛋白。熱休克因子平常因為其他蛋白質阻礙，所以無法接近 DNA，但是熱改變它們的形狀、促使它們鬆開。這種因子在各種生物中都找得到，從複雜細胞到細菌都有。此外，熱不是唯一觸發這個反應的壓力源。

嗜極生物

有些微生物在多數生物覺得壓力的狀況下生長得特別好。這些嗜極細菌和古菌包括愛好高溫、能在高達 121℃（250℉）的溫度中繁殖的嗜熱生物；喜愛高濃度鹽的嗜鹽生物，以及偏好 pH 值小於 3 的嗜酸生物。研究者已經將這些能力運用在生物技術，最好的例子是水生棲熱菌（*Thermus aquaticus*），這是 1969 年從黃石國家公園（Yellowstone National Park）的間歇泉中分離出來的細菌。後來從這種細菌分離出的一種酵素—— Taq 聚合酶，現在被世界各地的實驗室用來人工複製 DNA。最令人印象深刻的嗜極生物是一種微生物，它強悍到被取了個綽號叫「細菌柯南」〔Conan the bacterium；譯註：出自小說《野蠻人柯南》（Conan the Barbarian），故事的主角柯南在充滿黑暗魔法和野蠻的虛構史前世界為慘死的父母報仇，相當勇敢剽悍〕。這種抗輻射奇異球菌（*Deinococcus radiodurans*），是 1956 年在科學家試圖用游離輻射消毒鹽醃牛肉罐頭之後發現。2006 年，克羅埃西亞裔法國的生物學家米羅斯拉夫・拉德曼（Miroslav Radman）發現，毀壞生物的基因組會觸發特別的 DNA 修復機制，利用未受損的遺傳物質作為引導，將染色體重新連接在一起。

西元 1962	西元 1984	西元 2013
里托薩發現在膨大染色體區域的熱休克反應	佩勒姆證明熱休克蛋白能幫助細胞從損傷中復原	布斯特拉指出有些野生動物不會受慢性壓力所苦

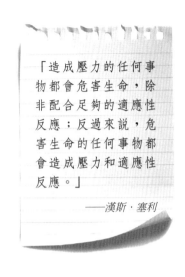

「造成壓力的任何事物都會危害生命，除非配合足夠的適應性反應；反過來說，危害生命的任何事物都會造成壓力和適應性反應。」

——漢斯·塞利

荷爾蒙系統

　　生理壓力是多細胞生物對有害環境的反應，但壓力有時也來自內部，像是人類大腦感到焦慮時。某些細胞對壓力源特別敏感，例如線蟲有兩個溫度敏感神經細胞，會促使荷爾蒙釋放，將壓力信號傳播到身體各處。

　　多數的脊椎動物藉由壓力軸兩邊的荷爾蒙控制壓力反應：兒茶酚胺（像是腎上腺素）讓短期存活的機會達到最高，名為糖皮質素的類固醇讓整個身體為長期的有害狀況做準備。許多無脊椎動物利用類似的系統，但是利用不同的荷爾蒙。植物就悲觀許多：除非偵測到名為赤黴素（或稱吉貝素）的生長荷爾蒙，否則它們的細胞會做最壞的打算。

　　糖皮質素的能力已應用在醫學方面。1936 年，美國的生化學家愛德華·肯德爾（Edward Kendall）從牛的腎上腺分離出六種類固醇化合物，它們能增進狗和老鼠的肌肉強度。肯德爾的「化合物 E」特別有效，但他只能獲得很少的量。工業化學家路易斯·薩瑞特（Louis Sarett）後來以人工合成「化合物 E」，到了 1948 年已用於人體試驗。梅約診所（Mayo Clinic）的醫生菲利普·亨奇（Philip Hench）將它用在因類風溼性關節炎而不良於行的女性患者，不到一個星期她就走出醫院而且可以購物。

　　肯德爾的「化合物 E」之後被重新命名為皮質酮（cortisone），因為具有抗發炎的性質，所以被譽為仙丹妙藥，不過有水腫和精神病等副作用。1985 年，遺傳學家羅納德·埃文斯（Ronald Evans）帶領的團隊發現一種幾乎所有脊椎動物的細胞都有的糖皮質素受器。他們後來發現皮質酮是非活性分子，但身體將它轉變成相似的類固醇：「皮質醇（cortisol，或稱可體松）」。皮質醇（可體松）一旦進入細胞，就會跟它的受器結合，最終改變數千個基因的活動。

自然壓力

荷爾蒙專家漢斯·塞利將壓力定義為「身體對任何需求的非特定反應」。1936年，他用實驗室老鼠研究各種有害因素的效果後，指出慢性壓力會導致「一般適應症候群」：各種壓力源都只會造成類似的症狀。

這個說法與皮質醇（可體松）的效果相符，它會暫停修復，導致耗損累積。然而後來的研究指出，不同的壓力源有不同的病理學。

壓力這個概念是從研究人工環境裡的動物發展出來，雖然長期壓力讓人類和受困的動物痛苦不已，但是在自然的族群中可能不會發生。野生動物一定經常面臨慢性壓力，但多數動物並沒有因為壓力反應死亡，主要是死於飢餓。2013年，生態生理學家魯迪·布斯特拉（Rudy Boonstra）回顧幾個掠食——自然界中最有壓力的互動之一——的案例，比較獵物產生的糖皮質素濃度。旅鼠和田鼠似乎不太擔心黃鼠狼，麋鹿和狼的關係也沒有什麼壓力，然而雪鞋兔和森林松鼠活在掠食者的恐懼之中。布斯特拉相信這是反映「生命史」的差異：天擇已驅使某些物種習慣壓力源，因此他們的荷爾蒙不會隨便就高來高去。

生理反應

脊椎動物的下視丘－腦垂體－腎上腺皮質（HPA）軸是受壓力源（壓力的刺激）觸發的反應系統。交感神經系統通知腎上腺釋放兒茶酚胺荷爾蒙〔腎上腺素和去甲腎上腺素（舊稱正腎上腺素）〕後，下視丘會製造促腎上腺皮質素釋放因子荷爾蒙（CRH），促使腦垂體釋放促腎上腺皮質素（ACTH）。然後刺激腎上腺分泌糖皮質素荷爾蒙，進入細胞並活化基因，也為了恆定性停止壓力反應，這是種負回饋迴圈。

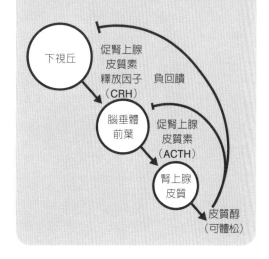

下視丘　　促腎上腺
　　　　　皮質素
　　　　　釋放因子　負回饋
　　　　　（CRH）

　　　　腦垂體
　　　　前葉　　促腎上腺
　　　　　　　　皮質素
　　　　　　　　（ACTH）

　　　　　　腎上腺
　　　　　　皮質

　　　　　　　　　　皮質醇
　　　　　　　　　　（可體松）

重點概念
生理壓力反應可能幫助或傷害生物

36 生理時鐘

俗話說「早起的鳥兒有蟲吃」，這句話跟許多生物關係重大。並不是因為當個「早起的人」比較容易成功，而是因為掌控時間能讓生物的生理和行為，配合環境中可預期的改變。

生存仰賴的不只有適應環境的改變，還有預先考慮往後要過的日子：開花植物在正確的時間打開花瓣，為授粉做好準備；夜行性哺乳動物在日落前醒來，準備搜尋食物。最早關注這個現象的是法國的地球物理學家讓─雅克·多爾圖·德邁朗（Jean-Jacques d'Ortous de Mairan），他從 1729 年開始進行研究。當他注意到含羞草的葉子在白天打開、夜晚闔上之後，他把植物放進壁櫥裡，測試它是否對陽光反應。雖然身處黑暗，但含羞草還是很有節奏地行動。德邁朗相信，他的植物是對其他的外在線索（例如溫度或磁場）反應，而不只是準時。

晝夜節律

日常行為反映的生理過程，通常依循振盪模式，這個模式大致配合地球自轉的 24 小時週期。睡眠荷爾蒙（褪黑激素）的濃度在夜晚升高、在白天降低，而身體的溫度增減則是相反。1930 年代，德國的植物學家歐文·賓寧格（Erwin Bünning）發現，各種豆類植物的葉運動週期時間不同，當兩種不同的豆類雜交時，混種的週期長度介於兩者中間。這代表植物的體內有個計時器，是具備每日晝夜節律的生物時鐘。

大事紀

西元 1729	西元 1935	西元 1952
德邁朗發現沒有光的線索還是能持續晝夜節律	賓寧格證明植物和果蠅的晝夜週期會遺傳	皮騰卓伊證實晝夜時鐘的溫度補償

這樣的節律根據「自由律動週期」的自然循環建立，不一定剛好是 24 小時〔因此使用「畫夜」（circadian）這名詞，出自拉丁文的 *circa diem*，意思是「約略一天」〕。睡眠研究者查爾斯‧切斯勒（Charles Czeisler）已經發現，人類的自由律動週期平均是 24 小時 11 分鐘。測量週期可藉助生理標記，像是荷爾蒙；或透過行爲的節律，像是跑輪上老鼠的每日活動，或成年果蠅羽化的高峰時間爲何。

準時

現代的時間生物科學，源起自落磯山脈的一間小屋。1952 年，普林斯頓大學（Princeton University）的英國研究者柯林‧皮騰卓伊（Colin Pittendrigh）整個夏天都待在科羅拉多的田野調查站，他決定重複賓寧格的其中一個實驗。賓寧格已經發現，把果蠅置於持續的黑暗並且將溫度從 26℃ 調降到 16℃ 後，牠們的自由律動週期——根據羽化爲成年果蠅的時間——延遲了 12 小時。因爲構成新陳代謝的化學反應受到溫度影響，所以溫暖的環境促使畫夜節律加速，寒冷則會造成節律減緩，使生物時鐘變成無用的計時器。

皮騰卓伊製作的暗室一個在壓力鍋附近，另一個在廢棄礦坑附近的小屋裡。不同於賓寧格的是，他發現寒冷小屋裡的果蠅，羽化高峰只晚了一個小時。

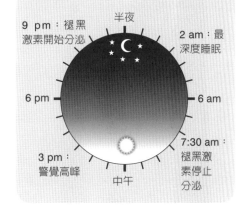

人類的晝夜循環

體內的生理時鐘透過外在的線索（例如光）掌控時間，這會影響生理過程，最終改變我們的日常活動和行爲。舉例來說，褪黑激素的濃度在夜晚升高、在白天降低，影響我們何時感到想睡。

9 pm：褪黑激素開始分泌
半夜
2 am：最深度睡眠
6 pm
6 am
3 pm：警覺高峰
7:30 am：褪黑激素停止分泌
中午

西元 1971	西元 1972	西元 2002
可諾帕卡和本澤在果蠅身上找到時鐘基因：「週期」	穆爾和蘇克證明視交叉上核是中央生理時鐘	波森和哈特分離出同步時鐘的光敏感細胞

夜裡的光

睡眠是生理時鐘調節的最重要狀態。對人類而言，明—暗和醒—睡的週期已大約同步了數千年，但現代科技改變了一切：飛行造成時差，因為陽光跟告訴你「睡覺時間」的時鐘有所衝突，人工照明讓人可以經常重置自己的生理時鐘。控制明—暗和醒—睡週期的是中央時鐘和睡眠同態調節器，兩者都位於下視丘。因為下視丘同時控制這兩種行為，所以疲倦跟飢餓連在一起就不讓人意外，而且能解釋為什麼我們在應該睡覺時會想吃宵夜。除了大腦的中央時鐘，還有散布在身體各處的「子時鐘」，它們沒有跟光同步，而是跟其他的外在線索同步。例如，只要你一吃東西，肝臟就會調整你的內在時間。夜裡的不當同步，可能導致品質不良的混亂睡眠模式和健康問題，像是憂鬱和肥胖。

當他在普林斯頓重複這項實驗時，得到相同的結果。1950 年代後期，皮騰卓伊和其他人證明，各種生物都出現這種溫度補償，包括單細胞的原生生物和孢子黴菌，意指所有生命都有生物時鐘。

保持同步

雖然好的時鐘對環境的波動（例如溫度）不太敏感，但也必須有調整時間的可能。調整需要藉助外在的線索完成，使內在時鐘和外在世界在「校準運轉」的過程中同步，德國的尤爾根·亞秀夫（Jürgen Aschoff）將這個線索稱為「授時因子」（zeitgeber，德文的意思是「給予時間者」）。授時因子能讓自由律動週期與地球的 24 小時週期保持同步。

多數生物的關鍵授時因子是光。哺乳動物中的「中央時鐘」或節律器是「視交叉上核」（suprachiasmatic nucleus, SCN），位於腦中下視丘前部、視交叉上方的一群神經細胞。1972 年，美國的神經科家羅伯特·穆爾（Robert Moore）和歐文·蘇克（Irving Zucker）各自發現，SCN 受損會造成老鼠失去晝夜節律。穆爾偵測到異常的腎上腺皮質固酮濃度，這是對壓力的生理反應；而蘇克則看到飲水和運動行為的改變，包括動物在不尋常的時間活躍。

中央時鐘在黎明或黃昏的關鍵期間重置。哺乳動物以眼睛偵測光，利用的是正常視覺並不使用的獨特細胞類型。

這種「自主感光視神經細胞」，在 2002 年由大衛・波森（David Berson）和薩莫爾・哈特（Samer Hattar）從視網膜的桿細胞和錐細胞上方 2% 的皮層分離出來，它們跟中央時鐘有直接關係。

時鐘基因

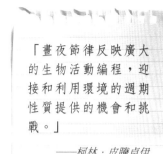

「晝夜節律反映廣大的生物活動編程，迎接和利用環境的週期性質提供的機會和挑戰。」

——柯林・皮騰卓伊

賓寧格在一個實驗中，以持續光照培育果蠅 30 代（大約一年），破壞牠們的晝夜節律。然而當他把果蠅放進全黑的環境時，節律就恢復了。這點證明，生物不是利用某種記憶掌控時間，生理時鐘是遺傳得來。

生理時鐘的齒輪——它的帶動零件——是濃度會在一整天上上下下的蛋白質。這些蛋白質由「時鐘基因」編碼。1971 年，美國的遺傳學家羅納德・可諾帕卡（Ronald Konopka）和西摩・本澤（Seymour Benzer）發現第一個時鐘基因，他們找到三種羽化和運動模式異常的突變果蠅：晝夜節律比自由律動週期長的果蠅、比自由律動週期短的果蠅，以及沒有節律的果蠅。這些行為背後的突變都定位在 DNA 的相同位置，這個基因現在被稱為「週期」基因。

生理時鐘的組成在物種間各有不同，但基本的機制卻是相同。隨著時鐘基因的活動高高低低，它們編碼的蛋白質濃度也上上下下，影響蛋白質是否附著 DNA、打開或關掉生理相關的基因，最終對行為表現造成影響。例如，時鐘基因「tok1」控制植物在早上何時醒來，以及葉子的孔在晚上何時關閉以防止水分散失。時鐘的組成，也會在回饋迴圈中交互作用和彼此調節。

重點概念
生物活動跟 24 小時週期同步

37 睡眠

睡眠的明確休止狀態，讓動物處於無法抵抗外界威脅的脆弱情況，然而所有物種或多或少都會睡覺，人類的一生大約有三分之一花在睡眠。雖然關於睡眠的功能有許多理論，但它至今仍是生物學中最大的謎團之一。

睡眠的特徵很容易辨認：相較於清醒狀態身體是不活動的、對於多數的刺激比較不能反應，而且各個物種都採行特定的睡眠姿勢（人類是躺著、蝙蝠是頭上腳下倒掛著）。睡眠狀態可以輕易反轉，因此完全不同於蟄伏或冬眠這類的休眠狀態（短期或長期的新陳代謝降低）和昏迷（有時是無法逆轉的「深度睡眠」狀態）。具有神經系統的物種都會出現某些形式的睡眠。

哺乳類和鳥類有兩種截然不同的睡眠：快速動眼（rapid eye movement, REM）和非快速動眼（non-REM, NREM）睡眠，可藉由測量腦部活動的腦電波圖（electroencephalogram, EEG）偵測記錄。神經衝動的表現在 NREM 期間是整個腦的電活動同步波動，然而 REM 腦波則是混亂，類似清醒時的活動。美國的生理學家納瑟尼爾·克萊特曼（Nathaniel Kleitman）和尤金·阿瑟林斯基（Eugene Aserinsky）在 1953 年發現 REM。幾年過後，克萊特曼和威廉·德門特（William Dement）發現作夢跟 REM 有關，而且人類的睡眠有週期，每個週期包含三個階段的 NREM 後接著 REM。

動物在睡眠時因為大腦使身體麻痺，所以通常不會活動，僅限的運

大事紀

西元 1953
克萊特曼發現 REM 睡眠，並且在 1957 年證明 REM 跟作夢有關

西元 1958
艾倫·勒納（Aaron Lerner）從牛的松果腺分離出睡眠週期荷爾蒙：褪黑激素

西元 1959
朱維特發現腦中使身體麻痺的控制系統

動僅只有維生系統（如呼吸）和抽動（如動眼）。

　　睡眠的控制系統在 1959 年由法國的神經生物學家米歇爾・朱維特（Michel Jouvet）揭曉，當時他觀察腦幹的橋腦區域受損的貓。他發現橋腦損傷時，無法抑制延腦的運動中樞——決定肌肉鬆弛（麻痺）。朱維特的貓在 REM 期間出現像是攻擊隱形敵人的行為，牠們此時正在演出牠們的夢境。

睡眠的功能

　　誠如睡眠研究者艾倫・瑞赫恰芬（Allan Rechtschaffen）曾說：「如果睡眠沒有提供絕對必要的功能，那它就是演化犯下的最大錯誤。」瑞赫恰芬在 1980 年代進行的實驗顯示，放在水上浮板的老鼠因為害怕淹死而被迫一直保持清醒。經過兩、三個星期後，缺乏睡眠的效果相當致命。人類當中，睡眠剝奪會損害認知能力，並且改變心情和人格。然而候鳥可以長期沒有睡眠，接受浮板實驗的鴿子也沒有產生不良的影響，因此睡眠並不是永遠必要。

　　說明我們為何需要睡眠的主要理論有三種：保存能量、修補和復原，以及維護腦部。每天睡 20 小時的夜行性掠食者大棕鼠，似乎是在節省能量，而不是從四個小時的狩獵中恢復。身體需要自我修復並且補充活動時用掉的分子供應，乍聽之下也很有道理。最後，睡眠大概能增強和修剪學習和記憶製造的神經連結，羅伯特・史提高德（Robert Stickgold）等研究者已經證明，人在睡覺之後的記憶更好。

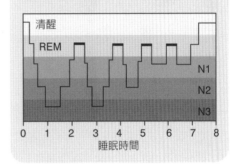

睡眠週期

經過三個階段的非快速動眼（NREM）睡眠，腦波變得越來越慢而且越來越同步，動物變得越來越難醒過來，直到最低的 N3 階段：慢波或深度睡眠。然後腦部活動開始加速，進入 REM 睡眠（有時會短暫醒來），接著再次開始睡眠週期。成年人的每個睡眠週期大約持續 90 分鐘。

清醒
REM
N1
N2
N3
0　1　2　3　4　5　6　7　8
睡眠時間

西元 1980
博貝伊提出睡眠是由恆定性與晝夜時鐘調節

西元 1980
瑞赫恰芬在老鼠身上進行的睡眠剝奪實驗指出睡眠絕對必要

西元 1998
路伊斯・德萊希亞（Luis de Lecea）和柳澤正史（Masashi Yanagisawa）發現覺醒荷爾蒙：下視丘分泌素（食慾素）

做夢

夢是通過無意識心智的一連串影像、想法和情緒，幾乎跟睡眠一樣神秘。我們為什麼做夢，也有好幾個不同理論。最初的理論之一是精神科醫師艾倫・霍布森（Allan Hobson）和羅伯特・麥卡利（Robert McCarley）在1977年提出，他們認為夢只不過是隨機腦部活動的副作用，但心智試圖把它們串成有意義的故事。另一個主要的理論認為，因為夢的特色通常是最近的事，所以它們涉及訊息處理。2000年，動物行為研究者丹尼爾・馬戈利亞什（Daniel Margoliash）在斑胸草雀的運動皮質中發現，白天唱歌的腦部活動跟睡眠期間的活動一致，意思是雀鳥為了學習而在睡覺時重播歌曲。至於哺乳動物，神經科學家馬修・威爾遜（Matthew Wilson）的研究也已證明，睡著的老鼠會夢到清醒時的活動（像是跑迷宮），這是藉由海馬迴——幫助形成記憶的腦部區域——的神經活動偵測。夢中創造的故事對於鞏固記憶是否有用仍不清楚，但因為多數的夢發生在REM睡眠期間，所以我們作夢的原因，大概是反映REM睡眠本身的功能。

人類大腦只占全身重量的2%，但在安靜清醒時卻會消耗20%的熱量，因此暫時停工可能有許多好處。

然而，每個睡眠理論都有它的弱點。如果睡眠是為了保存能量，為什麼動物在冬眠醒來後卻相當疲倦？如果是為了修補和恢復，為什麼身體在清醒時製造的蛋白質比較多？如果是為了維護腦部，為什麼鯨豚類（鯨魚和海豚，最聰明的哺乳動物之一）睡覺時只關掉半邊腦袋、最多只睡兩個小時？傑羅姆・席格爾（Jerome Siegel）發現在「單半球睡眠」期間，鯨豚可以持續游泳不會撞到任何東西，而且牠們沒有REM睡眠。事實上，REM挑戰許多解釋，因為此時的腦部活動幾乎等同於完全清醒。一切的矛盾都指向，「睡眠」其實是多種過程的總稱，只是剛好在單一的休止期同時發生。

睡—醒週期

1980年，瑞士的研究者亞歷山大・博貝伊（Alexander Borbély）提出睡眠是由兩個過程調節：生理時鐘控制何時，恆定機制控制時間長短。生理時鐘是同步外在線索（例如光）的計時器，而同態調節器根據睡眠不足或過多，增減睡眠的強度。

　　同態調節器的確實作用方式還不清楚，但是睡眠剝奪會促使基底前腦的細胞釋放腺苷，所以它的濃度應該是一種「計算器」。

　　中央時鐘和睡眠同態調節器都在下視丘找到，位於一個腦幹上方、杏仁大小的區域，這裡也控制食慾、口渴和其他的激發功能。特別的是，兩種睡眠調節器都位在名為視交叉上核（SCN）的一群神經元。當黑夜降臨時，眼裡的細胞傳送信號到 SCN，告訴附近的松果腺釋放荷爾蒙（褪黑激素），將想睡的信號傳送到身體各處。然而，真正的睡—醒週期「開關」，似乎是名為「下視丘分泌素」或「食慾素」的荷爾蒙，它會觸發腦部開始覺醒。兩個團隊在 1998 年各自發現的這些分子是由下視丘釋放，類似胰泌素——調節身體水分的荷爾蒙。

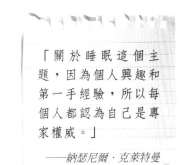

「關於睡眠這個主題，因為個人興趣和第一手經驗，所以每個人都認為自己是專家權威。」

——納瑟尼爾·克萊特曼

　　1970 年代，威廉·德門特在史丹福大學養了一群狗研究睡眠障礙。艾曼紐·米葛那（Emmanuel Mignot）因此開始研究猝睡症——突然陷入睡眠的症狀，希望藉由覺醒荷爾蒙（下視丘分泌素）的偵測找出問題的關聯。杜賓犬的下視丘分泌素受器帶有一種突變，而猝睡症患者在下視丘製造下視丘分泌素的細胞受損。科學家現在的目標是製造人工荷爾蒙，不只是為了猝睡症，也為了所有需要保持清醒的人，像是飛行員或長途駕駛的司機。我們或許不知道自己為什麼睡覺，但我們或許很快就能夠控制睡眠。

重點概念
有用但不一定必要的休止期

38 記憶

我們可以想像，記錄過去的經驗就像在拍攝電影，而記憶像是貯存在電腦硬碟的檔案，可以重複播放。然而實際上，連續畫面是片段訊息組成的錯覺，甚至還不是腦細胞這樣的實體，只是在這之間的空隙。

多數動物擁有關於知覺和運動技能的「內隱記憶」，其中包括反射動作：1903 年俄國的生理學家、也是消化作用的專家伊凡・巴夫洛夫（Ivan Pavlov）注意到，實驗室裡的狗不只在看到或聞到食物時分泌唾液，也在餵食前他的助理出現時分泌。這種所謂的「心理性分泌」造就他的著名實驗：接近晚餐時搖鈴，讓狗受到制約而將兩種刺激連結；之後光聽到鈴聲就會分泌唾液，證實行為反應可以透過學習修改。

具備精密神經系統的動物也擁有「外顯記憶」，用於需要意識覺察的事實和事件。人類的這兩種記憶（內隱和外顯）都貯存在大腦的皮質，但是在不同的區域形成，「HM」——患有癲癇症的 27 歲美國人——的病例可以說明這點。1957 年，外科醫生威廉・史可維爾（William Scoville）和神經科學家布倫達・米爾納（Brenda Milner）描述 HM 的部分顳葉移除後的效果，移除的區域是在腦幹上方，包含一對彎曲的結構：海馬迴。手術過後，HM 可以回想過去 19 個月的事件，但之後的事都想不起來。HM 的癲癇已經治癒，但卻留下了「順向失憶症」，也就是無法形成新的記憶。

大事紀

西元 1894	西元 1903	西元 1949
拉蒙卡哈提出神經連結的突觸可塑性	巴夫洛夫的狗證明行為可以透過學習修改	赫布提出學習需要相連神經元的協調活動

學習

　　直到二十世紀中期，科學家仍傾向把腦當成黑箱看待。只要想到典型哺乳動物的腦包含數十億的神經元、每個都有一千個突觸——跟其他細胞相連的接點，黑箱的看法就顯得理所當然。奧地利裔美國的神經科學家艾立克‧坎德爾沒有試圖理清這複雜的線路，而是開始研究簡單的生物：海兔（*Aplysia*），擁有 2 萬個神經元的海蛞蝓，牠的神經細胞大且容易取得，因此比較容易檢測學習如何修改行為。坎德爾從 1960 年代開始，利用微小電極記錄簡單迴路（30 個神經元）的脈衝，這些神經元控制海生軟體動物的基本防禦性反射：當虹管被觸碰時會把鰓縮到身體底下。

　　坎德爾從「敏感化」的學習過程開始研究。就像恐怖電影看久了讓你連無害的拍肩都會嚇一大跳，坎德爾發現，對海兔尾巴的微弱電擊也讓牠對虹管的觸覺變更敏感。蛞蝓會記得不愉快的經驗，記憶持續的時間取決於電擊的頻率：單次電擊後一小時內就忘記，但四次電擊能使牠記得超過一天。因此，間隔重複才能使短期記憶轉換成長期記憶。

突觸可塑性

　　1894 年，西班牙的生物學家、也是現代神經科學之父——桑地牙哥‧拉蒙卡哈（Santiago Ramón y Cajal）提出，突觸的連結並不固定而有彈性，這就是現在所謂的「突觸可塑性」。

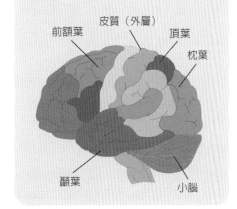

貯存中心

過去經驗並沒有貯存在人類大腦的特定位置，而是在適當區域裡的神經元間連結。形成有關訊息的外顯記憶（例如事實），最初需要的是顳葉裡的海馬迴，但是長期貯存則出現在大腦皮質。

皮質（外層）
前額葉
頂葉
枕葉
顳葉
小腦

西元 **1957**
史可維爾和米爾納發現海馬迴用於形成外顯記憶

西元 **1970**
研究海蛞蝓的坎德爾揭開內隱記憶如何貯存

西元 **1986**
坎德爾證明長期記憶需要製造新蛋白質的細胞

操弄記憶

記憶是不可靠、可塑造而且容易修改的。1974 年，美國的心理學家伊麗莎白·羅夫特斯（Elizabeth Loftus）發現，藉由「錯誤訊息效應」可以植入錯誤的記憶：詢問主要的問題或改變些微的細節（像是把中性的「碰撞」改成「衝撞」）後，目擊者關於車禍的回憶就被扭曲，因此他們記得看到現場根本不存在的碎玻璃。這點指出，目擊者的證詞不能被完全用來定罪。科學家現在的目標是，利用記憶的不可靠性質，編輯壞的經驗，增進心理健康，像是幫助罹患創傷後壓力症候群（post-traumatic stress disorder, PTSD）的軍人降低情境再現的衝擊。記憶不像電腦裡的檔案有系統地放在文件夾裡，無法按個鍵就完全刪除，因為它的位元（包括感覺訊息和相關情緒）散布在整個腦中。但是可以花點時間把一個事件完整併入長期記憶，讓人能夠「記得要忘記」：要求 PTSD 患者重現新近創傷的同時，給他們心得安（β 受體阻斷劑）之類的藥物，干擾形成和維持記憶的分子。這樣可以切斷事件與其相關壓力之間的突觸連結，降低這個記憶的情緒衝擊。

坎德爾的研究證明這點：因為他把相同的神經迴路用於不同的學習過程（包括敏感化和習慣化這兩種相反情況），所以顯然記憶不是被細胞編碼，而是由它們的連結進行。

關於事實和事件的外顯記憶，遠比反射這類的內隱記憶複雜許多，有時還需要連結看似無關的訊息。既然如此，神經元如何變得彼此相關呢？1949 年，加拿大的心理學家唐納德·赫布（Donald Hebb）提出，如果一個細胞經常向鄰近細胞激起脈衝，接著送出自己的信號，它們之間的突觸連結就會越來越強。簡單地說：「一起激發的細胞會連在一起」。這種生理效應現在被稱為「長期增益」（long-term potentiation, LTP）。

個體的記憶就像河流，只有當水在流動、也就是細胞在激發時，才變得顯而易見。它的生理痕跡（「印痕」）是在乾河床留下的銘印，透過神經元的長期激發可能變得更深。河床本身是由分子組成：神經元內部的蛋白質、製造細胞膜內外電壓的鈣離子，以及在突觸間隙中像血清素、麩胺酸和多巴胺等神經傳導物。

「如果有進化神經系統的動物全都有共同的基本學習形式，那麼學習機制的保守特徵一定在細胞和分子層次。」

——艾立克·坎德爾

貯存和回想

短期記憶將訊息保留幾秒或幾分鐘；長期記憶有可能持續數年。坎德爾在 1986 年發現它們之間的分子差異：給予海兔細胞各種阻斷新蛋白質產生的藥物之後，短期的敏感化仍然存在，但卻失去了長期記憶。因此，短期記憶利用的是突觸上已經存在的分子，而長期記憶則需要合成新的蛋白質，這點涉及分子連鎖反應上的細胞核與突觸之間的溝通，還有活化基因的蛋白質 CREB-1 和 CREB-2。

關於記憶如何保持和回想的了解並不多。一個有趣的發現是，新近經驗在變成長期穩定的記憶以前，會經過一段「再鞏固」時期。2000 年，加拿大的神經科學家卡里姆·納德爾（Karim Nader）教老鼠微弱電擊跟尖銳聲音的關聯。當老鼠被注射阻止新記憶形成的藥物後，牠們就不再因為聽到噪音而畏縮——這些老鼠忘掉了自己的恐懼。Recollection（回憶）這個字最能描述記憶如何提取：每次都要收集（collect）和重新（re）組合位元。記憶一點也不像是紀錄，很容易就能被操弄。

重點概念
經驗以神經連結的模式貯存

39 智力

智力是認知的產物，讓動物能獲得與應用知識的心理歷程。根據定義，人類是最聰明的物種，因此找出其他聰明生物的一個方法，是將牠們的認知能力跟人類做比較，這麼做有可能顛覆你對某些動物的刻板印象。

動物的智力無法用 IQ 測驗測量——不只是因為牠們無法閱讀或書寫，還因為我們的測驗是以人類這種生物為基礎，像是具有對生拇指。比較動物的智力時，牢記這些人類中心的觀點相當重要。

直到非常近期，人類製造工具的能力仍被認定為明確且獨特的人類特性。然後在 1960 年代，英國的靈長動物學家珍·古德（Jane Goodall）開始研究坦尚尼亞（Tanzania）的黑猩猩。一天她注意到，有隻雄性黑猩猩摘掉樹枝上的葉子，用它把白蟻從巢穴裡釣出來。當古德對指導教授、人類學家路易士·李基（Louis Leakey）報告她的觀察時，李基回答：「現在我們必須重新定義人類、重新定義工具，或接受黑猩猩也是人類。」

製造工具

今日，我們知道整個生物界都出現工具使用。例如澳洲鯊魚灣（Shark Bay）的瓶鼻海豚，在滿是沙的海床尋找食物時會用海綿保護牠們的嘴喙，而捲尾猴會挑選石頭砸開堅果。關鍵點是動物必須改變和持有裝置：樹枝只有從樹上被摘下時才變成工具。許多工具是隨手取得的東西，但更驚人的技藝是修改東西來增進它的功能——這就是我們所

西元 1964	西元 1970	西元 1977
古德報告坦尚尼亞的黑猩猩用樹枝製造工具	蓋洛普利用鏡像測試證明黑猩猩的自我覺察	佩帕博格開始教鸚鵡艾力克斯單字，以此研究鳥類的認知

謂的技術。

　　只有少數物種能製作精密的工具。原以為這樣的技能僅限於靈長動物，直到比較心理學家賈文‧杭特（Gavin Hunt）造訪後南太平洋的新喀里多尼亞（New Caledonia）島嶼後，這樣的想法便有所改觀。杭特觀察到，有種烏鴉會把細枝彎成鉤狀，並且利用邊緣有小刺的葉子，小心翼翼地撕成條狀製成尖尖長長的工具，用來勾出樹洞裡的蛆蟲。對於「鳥腦」（譯註：bird brain 直譯是鳥的腦袋，因為鳥的頭很小，裡面的腦袋應該也很小，所以被引申為愚蠢無知的人）的刻板印象，現在已被新喀里多尼亞的烏鴉和其他的鴉科家族成員推翻。

了解語言

　　鸚鵡會複誦單字，但牠們了解這些字嗎？艾琳‧佩帕博格（Irene Pepperberg）在拿到理論化學的博士學位後，決定找出這個問題的答案。1977 年，她在芝加哥機場附近的寵物店買了隻一歲的非洲灰鸚鵡，取名為「艾力克斯」〔Alex，大概是代表「鳥類學習實驗」（Avian Learning Experiment）〕。經過三十年的時間，佩帕博格教會艾力克斯一千多個字。如果讓艾力克斯看綠色的鑰匙和綠色的杯子，問他有什麼不同，他說「形狀」。如果問他相同的是什麼，他回答「顏色」。他可以數到 6，而且在想不出來時會即興創作。因為紅

意識

「當蝙蝠會像什麼樣子？」哲學家湯瑪斯‧內格爾（Thomas Nagel）在 1974 年的文章提出這個問題，他主張會飛的哺乳動物——利用回聲定位導航——這種生命，實在太超出人類的經驗，完全無法理解蝙蝠如何知覺這個世界。哲學家對於意識已辯論了好幾百年，生物學家能不能幫忙解答呢？內格爾的文章論點是反對「化約主義」，這個觀點認為大腦這類的複雜系統，可以用部分的總和解釋。但許多科學家相信，對付意識——主觀現象如何有某些像顏色或味道的性質〔感質（qualia，譯註：源於拉丁文，意思是某種性質，哲學家用來表示所有的感官現象）〕——的「難題」，這是個實際的方法。因為經驗最終是由神經細胞的表現編碼，所以原則上應該可以在腦中偵測到相關的事件或模式，亦即「意識的神經關聯」。神經生物學家現在相信意識能被解開，就從當個人會像什麼樣子開始。

色的蘋果嚐起來像香蕉（banana）而看起來像櫻桃（cherry），所以他把它叫做「banerry」。艾力克斯的能力已不只是單純的「學舌」。

會說話的動物相當罕見，因為多數物種沒有嘴唇、聲帶或其他特徵可以模仿人類說話。然而，有些非人類的猿類學會用其他方法溝通。聖地牙哥動物園的大猩猩「可可」（Koko）知道一千多個手語手勢，而美國的靈長動物學家蘇·薩維基—藍保（Sue Savage-Rumbaugh）教導倭黑猩猩「坎茲」（Kanzi）認識板子或觸控螢幕上的符號字（lexigram，譯註：為了讓非人類靈長動物與人類溝通而發展的人工語言）。海豚又更高一層，能夠理解句中單字的特定順序，也就是句子的語法。誠如路易斯·赫曼（Louis Herman）在 1984 年提出的報告，大西洋的瓶鼻海豚懂得用姿勢表達的簡單文法：一隻名叫阿克卡邁（Akeakamai）的雌海豚知道握拳擺動的動作是「圈」，手臂垂直伸過頭是「球」，而來這裡的姿勢代表「拿來」。如果比出「圈—球—拿來」，阿克卡邁會把球推過圈圈；若是比出「球—圈—拿來」，她會把圈圈帶去球那邊。跟某些人類不同的是，她還能分辨左右。

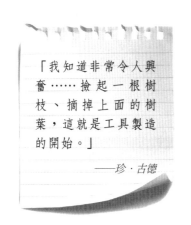

「我知道非常令人興奮……撿起一根樹枝、摘掉上面的樹葉，這就是工具製造的開始。」

——珍·古德

自我和他人

1970 年，心理學家哥頓·蓋洛普（Gordon Gallup）讓黑猩猩習慣鏡子，之後將牠們麻醉並且在臉上畫紅點。當黑猩猩醒來、看到鏡中反射的影像時，牠們會伸手去摸那個紅點，表示牠們認得自己的長相，然而猴子的反應就好像鏡中的影像是另一隻猴子。狗主人們或許主張寵物知道自己在想什麼，但是這些狗兒都在「鏡像測試」中失敗。然而，這不一定代表牠們沒有自我覺察：狗的主要感覺是嗅覺、不是視覺。但是像海豚、大象和喜鵲（鴉科）這些動物，也都沒有通過測試。猿類（包括人類的嬰兒）在一、兩歲左右開始出現自我覺察。

另一個動物在想些什麼？這就是心理學的「心智理論」：了解他人的心智狀態可能跟你不同的能力。

2001 年，英國的認知學家內森‧埃梅里（Nathan Emery）和尼可拉‧克萊頓（Nicola Clayton）證明，美國佛羅里達州的西叢鴉能記得特定事件：情節記憶或「心理時間旅行」。如果鳥看見競爭對手已經看到牠藏食物，牠會在那隻鳥離開後改變藏匿地點。這在自己也當過小偷的鵲鳥身上很常見，意思是牠了解偷竊的意圖。

更大更好的腦

為什麼有些物種比其他物種聰明？最聰明的物種，頭對身體的比例也比較大，這點符合工具使用、語言和自我覺察的傳聞證據：海豚和靈長動物比綿羊和老鼠聰明；鸚鵡和鴉科比較聰明，鴿子和雞不那麼聰明。

哺乳動物的大腦灰質因為摺疊的新皮質而類似核桃，不過鳥的灰質則組織成袋狀。結構雖然不同但意義相同，都是滿足腦力的需要。誠如內森‧埃梅里和尼可拉‧克萊頓所描述：「哺乳動物和鳥類就好比總匯三明治和義式臘腸比薩。」兩位研究者提出，鴉科和猿類因為類似的社會環境而具備不相上下的能力，例如欺騙競爭對手。生態壓力接著驅動天擇，使得物種就算關係遙遠，但腦的結構卻出現趨同演化。這就是為什麼烏鴉可能跟黑猩猩一樣聰明。

重點概念
生態壓力形塑認知能力

40 人類

是什麼讓我們成為人類？我們從哪裡來？我們為什麼與眾不同？直到大約十年前，這樣的問題只能由考古學家和人類學家回答，但現代日新月異的科技，讓生物學家能比較人類和其他物種——包括我們滅絕的祖先——的 DNA，揭開人類起源的秘密。

每個物種都很特別，具有與眾不同的獨特適應性。然而，相較於地球的其他所有生命，人類的特徵無疑最獨一無二，像是透過語言傳遞知識的能力。根據考古學家的說法，我們的祖先在 260 萬年前開始製造石器，而「解剖學上的現代人類」出現在 20 萬年前的非洲。古人類學家認為，藝術這類的文化產物在 6 萬年前的歐亞大陸各地出現，當時的人類開始移居全球各地。

大猿

人類跟猿類沒有關係，人類也不是從猿類演化而來，我們並不是猿類。那是什麼將人類跟我們的近親區隔開來？一個著名的例子是 FOXP2，這個基因在人類身上如果突變，會造成說話和語言問題。2002 年，德國的遺傳學家沃夫岡・埃納爾（Wolfgang Enard）發現，雖然所有哺乳動物的 FOXP2 幾乎完全相同，但人類版本產生的蛋白質有兩個胺基酸變化。埃納爾在老鼠身上誘發這些變化時，發現有些腦細胞——運動功能需要的部分神經迴路——長得更長，而且突觸可塑性變得更大。意指這兩個蛋白質的變化，是為了執行複雜的任務而適應。

大事紀

西元 2001	西元 2002	西元 2005
人類基因組的最初測序和分析	關於說話和語言的 FOXP2 在人類身上不同	黑猩猩和人類的基因組比較顯示改變不多

2005 年開始讀取黑猩猩的 DNA 序列，目標是發現人類與黑猩猩之間的基因組差異。緊接著是大猩猩和紅毛猩猩，對照組是舊世界猴。雖然並排基因組已顯示一些差異，但找出這些差異對演化有何重要性仍相當困難。人類跟黑猩猩的基因組比較顯示，從共同的祖先開始，我們的 DNA 已累積 2 千萬個核苷酸置換（單一鹼基改變）。聽起來好像很多，但其實只有我們的基因組中 32 億個鹼基的 6%。

偵測已經失去或得到的片段，是找出潛在的重要 DNA 的一個方法。吉爾・貝耶菈諾（Gill Bejerano）帶領的團隊在 2011 年發現，跟其他的靈長類相比，人類有五百多個缺失，他們詳細地研究其中兩個。其中一個是雄性激素受器基因的強化子（DNA 控制元素），解剖學上的美妙影響是移除陰莖裡的骨骼。另一個失去的強化子出自 GADD45G，這個基因會限制大腦皮質的細胞分裂，意思是這個缺失可能讓人類的腦越長越大。

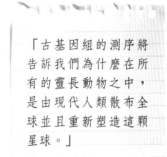

「古基因組的測序將告訴我們為什麼在所有的靈長動物之中，是由現代人類散布全球並且重新塑造這顆星球。」

——斯萬特・帕波

古老的差異

與黑猩猩分別後的所有類人猿類（包括人種和南方古猿）都是「人族」，而在過去 50 萬年滅絕的人族是所謂的「古老型」人類。尼安德塔人是最知名的例子，化石紀錄中最早出現在三十幾萬年前，滅絕時間大約是在 3 萬年前。每個人都知道他們的身體比現代人類健壯，但其實他們的腦也比較大。既然如此，那是什麼讓智人（*Homo sapiens*）比古老型人類擁有更大的優勢？

古遺傳學的進展，長久以來都因為技術問題（例如污染）受到阻礙。但在 2010 年，瑞典的遺傳學家斯萬特・帕波（Svante Pääbo）帶領的團隊終於發表尼安德塔人的基因組。

西元 **2008**
為研究人類遺傳變異而展開千人基因組計畫

西元 **2010**
發表「尼安德塔人基因組序列初探」（Draft sequence of the Neanderthal genome）論文

西元 **2010**
DNA 序列揭開丹尼索瓦人的遺傳歷史

獨特性

人們在 DNA 層次的相似性高得驚人：單一鹼基差異方面有 99.9% 完全相同。然而，這些數字不太能告訴我們遺傳變異體（對偶基因）如何使我們獨一無二。生物學家該如何看透遺傳的個體性？一個方法是把人類的對偶基因放入老鼠體內，有個例子是外異蛋白受器（ectodysplasin receptor, EDAR）基因，其中 370A 變異體會產生更厚的毛髮和鏟狀的牙齒。許多亞洲的族群中，幾乎百分之百的人都攜帶這個變異體，它是在 3 萬年前的中國出現。2013 年，布魯斯・摩根（Bruce Morgan）和帕爾迪斯・薩貝提（Pardis Sabeti）帶領的團隊用遺傳工程製造攜帶 370A 的老鼠。除了有更厚的毛髮，這些老鼠也經歷其他改變，包括更多的汗腺。摩根和薩貝提調查中國的漢族發現，人身上的 370A 也跟更多的汗腺有關。然而，利用老鼠了解功能並不適用於所有變異體，因為一個基因的效果可能被自己的「遺傳背景」影響，也就是放入老鼠體內的基因，或許不像在人體內那樣跟其他的 DNA 交互作用。另一個方法是把基因插入實驗室培養的幹細胞，但那個組織也是從身體分離出來。原則上，這樣的方法可以用來研究古老型人類，像是尼安德塔人。

最具爭議的發現是，我們的基因組大約有 2% 跟尼安德塔人密切相關，這點表示我們人類其實是混血兒。2010 年在西伯利亞的丹尼索瓦洞穴（Denisova Cave）找到一小段手指骨，分析其中的基因組後揭開另一個未知的物種，他們也是第一群不用骨骼定義的古老型人類。「丹尼索瓦人」對南太平洋的現代人，貢獻了 5% 的遺傳物質。

根據帕波的說法，現代人並沒有完全取代古老型人類——最初的混血意味著「不完全替代」。人類的基因組中，幾乎有 20 億個鹼基能與尼安德塔人和丹尼索瓦人的 DNA 並列，我們由此看到人類演化的一些驚喜。例如，FOXP2（跟腦部功能有關）的改變早於我們跟古老型人類分開的年代。我們跟古老型人類不同是因為 32000 個單一鹼基改變，而在 2013 年由帕波和大衛・賴希（David Reich）帶領的研究更連上大腦皮質早期發展相關的某些蛋白質。

現代變異

人類遍布在世界各地，各個族群適應當地的環境，創造出我們今日所見的多樣性。因此，我們可能預期來自同一大陸的人有類似的基因，但事實並非如此。2010 年，「千人基因組計畫」（1000 Genomes Project）將非洲兩個族群共 185 個人以及歐洲和中國共 184 個人的基因組做比較。

雖然結果顯示 DNA 幾乎有 3900 萬個位置不同，但沒有任何一個

是全部非洲人或全部歐洲人共有。

特性大致相似的人口中可能出現基因差異，那是因為這樣的特徵並非出自特定的遺傳變異體，而是變異體之間的交互作用。以高度為例。孟德爾的豌豆植株（參見第7章），高度是由一個基因上的兩個變異體決定，但在人類的DNA上影響身高的至少有180個位置。2012年，人體性狀基因研究（Genetic Investigation of Anthropometric Traits, GIANT）計畫發現，相較於南方的族群，139個增高變異體中有85個在北歐人中比較常見。

適應是天擇的結果。但有許多特徵（例如身高增加），我們或許永遠都不知道是受到環境形塑、還是因為配偶選擇。有些特徵比較明顯。例如，在瘧疾盛行的地方，G6PD基因的變異體每五個人就有一個，因為這些人不會被瘧原蟲感染。另外還有膚色：SLC24A5基因的變異體跟較淺的著色有關，而且在歐洲比較常見。所有變異體如何結合創造獨特的人類？這是遺傳學家希望在未來十年能回答的問題。

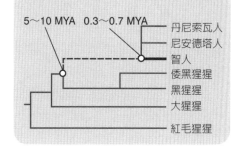

大猿家族

演化樹呈現大猿之間的親屬關係。分支包括基因組已被讀取的現存家族成員，另外加上兩個滅絕的遠古人類：尼安德塔人和丹尼索瓦人，他們的DNA也已測序。數字代表物種形成的近似年代，單位是百萬年前（million years ago, MYA）。

5～10 MYA　0.3～0.7 MYA

丹尼索瓦人
尼安德塔人
智人
倭黑猩猩
黑猩猩
大猩猩
紅毛猩猩

重點概念
人類的秘密藏在我們的基因組裡

41 授粉

開花植物（被子植物）是地球上最主要的陸生植物，它們創造出溫帶草原到熱帶雨林的各種棲地。多數的被子植物利用動物散播它們的花粉，這已成為植物必備的繁殖策略，而且對人類的農業相當重要。

開花植物提供人類多數的營養。占據我們一半飲食的農作物（像是米、麥和玉米等穀物）是由水或風散播花粉（非生物授粉），但有三分之一的農作物種類（為我們提供多數的蔬菜和水果）需要藉助蜜蜂和蝴蝶、蝙蝠和鳥類，還有其他許多動物才能完成授粉。這種密切關係普遍得超乎想像：生態學家傑夫·歐勒頓（Jeff Ollerton）在 2011 年進行的調查發現，幾乎 88% 的開花植物（超過 30 萬種被子植物）藉由傳粉者繁殖。

花的理論

仔細想想，生物的授粉作用其實相當變態：有一界的生命，在性交期間利用不同界的生物來幫忙。就連植物有「性」的想法都曾被認為相當可恥，這是延續德國的植物學家們一系列的觀察，最早是從魯道夫·雅各·卡梅拉流士（Rudolf Jakob Camerarius）在 1694 年開始，他描述了花的雌性和雄性生殖部分。1760 年代，約瑟夫·格特利·寇盧特（Joseph Gottlieb Kölreuter）描述花粉和製造混種的植物間轉移微粒，指出昆蟲在異花授粉中的可能角色。

大事紀

西元 1694	西元 1760	西元 1793
卡梅拉流士最早開始描述開花植物的生殖器官	寇盧特進行雜交實驗並且指出昆蟲的重要性	斯普壬格提出花的理論，建立授粉生物學的領域

　　克里斯蒂安‧康拉德‧斯普壬格（Christian Konrad Sprengel）在 1793 年的《花的結構和受精中發現的自然奧秘》（*The Secret of Nature Discovered in the Structure and Fertilization of Flowers*）書中，將授粉生物學變成一門科學。他在研究超過 460 個物種後，提出花的特徵似乎是設計來吸引昆蟲的想法。斯普壬格之前的植物學家多數相信，動物只是意外地造訪花朵，因此像花蜜這類的東西大概對植物有某種用途。在許多提案當中，斯普壬格主張花蜜嚮導——花瓣上的顏色圖案——指引昆蟲朝向甜蜜的獎勵，帶著牠們沾滿黏黏的花粉粒。斯普壬格也看到花朵如何矇騙昆蟲，因此認為植物是木偶大師，而動物是它們操縱的傀儡。斯普壬格的研究透過達爾文而廣為人知，因為達爾文在 1862 年出版的《蘭花的受精作用》（*Fertilization of Orchid*）特別關注占據被子植物十分之一的其中一科。科學家從那時起，逐漸發現花朵為傳粉者提供各式營養，像是花蜜含有碳水化合物，以及花粉是蛋白質的來源等等。我們現在知道，有些關係具有排他性，例如絲蘭（yucca）和「絲蘭蛾」（yucca moth），但多數的植物大都不挑，利用各種動物來散播花粉。

> 「（蜜蜂）和其他昆蟲雖然從花裡找尋食物，但同時也幫助它們受精……在我看來，這是自然界最美妙的安排之一。」
>
> ——克里斯蒂安‧康拉德‧斯普壬格

植物生命

　　雖然動物的性涉及親代或配子（精子或卵子）之間的直接接觸，但陸生植物的生殖更加複雜。它們的生命週期由交替的世代構成：配子體製造配子，攜帶單倍體的一組基因；孢子體世代生產孢子，攜帶二倍體的基因組。蕨類和蘚苔這類的古植物散布的都是孢子，但被子植物只傳播花粉（雄性的小孢子），而配子體長成的雌性大孢子（胚珠）受到孢子體親代的完整照顧。花粉落到孢子體的雌性部分後就完成

西元 1873	西元 2000	西元 2009
德沙巴達提出跟昆蟲共演化造成被子植物輻射適應	阿拉伯芥成為第一個被分析基因組序列的植物	克勒皮特和尼可拉斯證明被子植物的多樣性不是因為突然的輻射適應

花的受精

授粉作用是把雄性的花粉粒放上雌性的雌蕊。花通常是雌雄同體，但許多植物偏好有性生殖，進行不同個體間的異花授粉。花粉表面和雌蕊柱頭之間的分子交互作用促使花粉萌芽，引起水合作用讓花粉管向下生長，穿透花柱朝向子房前進。花粉管運送幾個精子：一個讓胚珠裡的卵受精，其他的讓其他細胞受精好讓它們分裂。卵發育成種子內的胚胎，周圍的組織則變成果實。

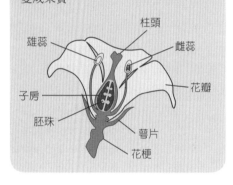

受精，接著會形成種子。種子植物分成「被子植物」（angiosperm，希臘文「包被的種子」）或「裸子植物」（gymnosperm，希臘文「裸露的種子」）。被子植物中，胚珠周圍的部分變成果實，也就是吸引動物的美味器皿，藉由動物把大型果核丟到很遠的地方、或讓小小果仁通過腸胃來傳播種子。

裸子植物包括軟木樹（針葉樹和蘇鐵），它們的種子由毬果保護，另外還有「活化石」，像是買麻藤和銀杏（*Ginkgo biloba*）。演化植物學家威廉・克勒皮特（William Crepet）和卡爾・尼可拉斯（Karl Niklas）在 2009 年的回顧論文提到，現存植物有 0.3% 的物種是裸子植物，而開花植物占了幾乎 90%。裸子植物的生命週期非常漫長，從授粉到受精需要一年以上，世代時間（從種子到種子）更是持續幾個世紀。相較之下，植物中最早完整測序基因組的阿拉伯芥（*Arabidopsis thaliana*）（芥菜家族的白花成員），生命週期只有 1 到 2 個月。這點有助於說明被子植物為什麼能稱霸植物界。

被子植物多樣性

對植物愛好者來說，生命史上最令人興奮的事件既不是動物的寒武紀大爆發、也不是恐龍的滅絕，而是「被子植物輻射適應」——白堊紀時期興起的開花植物多樣性。化石紀錄中出現在 1 億 3 千萬年前的被子植物，到 1 億年前就變得分布甚廣。它們散布的速度快到達爾文在 1879 年稱之為：「惱人之謎」。生物學家威廉・弗里德曼（William Friedman）認為，達爾文看到的被子植物快速演化率，只是假冒成普遍問題的特殊案例，因為他相信改變只可能循序漸進。如果出現突然的跳躍（驟變），那它們只能用創造解釋。達爾文在 1881 年的信中澄

清自己對被子植物興起的觀點，他說「表面看來非常地突然或意外」，因為化石證據永遠不可能完備。

　　克勒皮特和尼可拉斯的比較發現，過去 4 億年來，被子植物、裸子植物和蕨類之間的物種形成、滅絕和多樣化的速度沒有差異，既然如此，為什麼被子植物變得如此多樣？法國的古生物學家加斯東・德沙巴達（Gaston de Saporta）在 1873 年出版的書和之後與達爾文來往的信件中提出，授粉昆蟲和花朵配置在演化上有所關聯。這個說法得到克勒皮特和尼可拉斯的支持，他們發現被子植物的物種數量、花的特徵和昆蟲家族之間有很強的相關。這不代表植物輻射適應引發昆蟲的多樣性（或相反過來），但是支持德沙巴達的共同演化想法。一個可能的原因是，植物的基因組加倍很少產生不良後果，因此植物能複製基因，演化出新的功能。雖然克勒皮特和尼可拉斯發現物種改變的速率沒有異常，但持續的物種形成已經讓開花植物能不斷地自我改造。

蜂群崩潰症候群

2006 年，美國的養蜂人開始報告他們養的蜜蜂神秘失蹤：蜂王還待在蜂巢裡，但多數的工蜂消失不見。造成「蜂群崩潰症候群」（Colony Collapse Disorder, CCD）的嫌疑犯有百百種，從寄生蟎到棲地消失都有可能，但主要的罪魁禍首是一種噴灑農作物的類尼古丁殺蟲劑——「新菸鹼」，它們最後會留在植物細胞裡。2012 年，戴夫・高爾森（Dave Goulson）發現新菸鹼造成大黃蜂蜂群越長越慢、蜂王也越來越少，同時麥可・亨利（Mickaël Henry）利用無線射頻辨識（Radio Frequency Identification, RFID）標籤追蹤蜜蜂，發現新菸鹼（神經毒素）會干擾蜜蜂回家的能力。然後在 2015 年，克林特・裴利（Clint Perry）改變蜂群的年齡結構，不用化學物質就複製出 CCD 症狀，他們似乎因此解開了 CCD 之謎。年長的蜂通常擔負覓食的職責，而年輕的蜂則執行家事任務，但是當年長的蜂沒有回家時，其他的蜂必須接替沒完成的工作。因為年輕的蜂不太會尋找食物，所以整個蜂群就遭受飢餓的壓力。如果蜜蜂沒有在備用糧食吃完前學會覓食，蜂群就會崩潰。因此，造成 CCD 的是失去有經驗的蜜蜂，而引發這種情況的是新菸鹼。

重點概念
開花植物藉由操弄動物獲得成功

42 紅皇后

生態互動可能相當正面，像是授粉作用，但有許多卻很負面，例如掠食者和獵物、寄生物和宿主之間的敵對關係。紅皇后假說是生物學中最有影響力的概念之一，幫助解釋衝突為什麼能驅動兩個物種間的共同演化。

路易斯·卡羅（Lewis Carrol）的《愛麗絲鏡中奇遇》（*Through the Looking Glass*）——《愛麗絲夢遊仙境》（*Alice's Adventure in Wonderland*）的續集——提到，愛麗絲拼命奔跑想追上紅皇后，但卻發現她們兩個都沒有移動。皇后說明在她的國家「你必須拼命不斷地跑，才能保持在原地。」近代，這句話被用來比喻天擇為何驅動敵手的共同演化：物種必須不斷地適應來回應敵人的適應。

不斷滅絕

紅皇后假說是美國的演化生物學家利·凡威倫（Leigh Van Valen）在 1973 年提出，這位古怪的博學家曾寫下名為「墨西哥跳跳基因」（Mexican Jumping Genes）和「恐龍間的性愛」（Sex Among the Dinosaurs）這類的歌。他在研究各種化石後，發現不管地質壽命如何，滅絕率都持續不斷。在他的論文「新演化定律」（A New Evolutionary Law）被學術期刊拒絕後，他自己出版期刊——《演化論》（*Evolutionary Theory*）——發表這篇論文。〔他還創辦了《無意義研究期刊》（*Journal of Insignificant Research*）。〕

大事紀

西元 1871	西元 1973	西元 1979
紅皇后的賽跑出現在路易斯·卡羅的《愛麗絲鏡中奇遇》	凡威倫提出紅皇后假說，解釋演化受生物衝突驅動	傑尼凱和漢彌爾頓用宿主—寄生物的衝突說明性的演化

　　凡威倫用紅皇后假說解釋他的「不斷滅絕定律」——物種不管幾歲都必須一直適應，並且指出物種之間的衝突製造千變萬化的環境，驅動天擇造就的演化。

　　凡威倫將之稱為零和遊戲：沒有贏家，只有走向滅絕的輸家。他的比喻一直被用來解釋各種現象，最著名的是演化生物學家約翰‧傑尼凱（John Jaenike）和 W‧D‧漢彌爾頓（W. D. Hamilton）以此說明性。雖然原始的概念涉及兩個物種的成員，但紅皇后也能應用在親代和子代之間的衝突、性的對決，以及自私的基因片段。

　　紅皇后創造自然的敵人。衝突最終是為了生態系統的資源——特別是食物——而戰，導致「受害者」與竊取其資源的「剝削者」之間的敵對互動。這些剝削者—受害者關係，包括宿主—寄生物、掠食者—獵物和植物—草食動物的任何互動。然而，植物和草食動物之間的直接衝突並不明顯，因為敵手不只兩個：許多物種都吃植物。不過，寄生物通常適應於單一宿主。寄生物的武器和宿主的防禦（從身體特徵和遺傳變異體中可見），兩者之間顯然是一場軍備競賽。

> 「每個物種都在零和遊戲中與另一個物種競爭。而且，沒有任何物種是永遠的贏家，總有新的敵手帶著勝利的微笑取代輸家。」
>
> ——利‧凡威倫

演化軍備競賽

　　宿主—寄生物的關係清楚地顯示紅皇后的作用，例如人類和結核桿菌（*Mycobacterium tuberculosis*）——造成肺結核（TB）的病原體。2014 年，微生物學家測序 259 個基因組，重建細菌的演化史，發現它在 7 萬年前出現，晚於人類從非洲向外遷移。到了新石器時代，細菌隨著人口密度增加，基因也越來越多樣化。2005 年進行的人類跟黑猩猩的 DNA 比較顯示，人類的顆粒溶解素——攻擊 TB 的抗生素——基因

西元 1978～1980	西元 1987	西元 1999
道金斯和克雷布斯用「活命或晚餐法則」解釋獵物和掠食者之間的關係	維莫基用提升假說解釋化石證據中的適應	巴諾斯基的宮廷小丑假說強調自然環境的角色

基因波動

紅皇后衝突，可能驅使宿主和寄生物體內基因組合的頻率（基因型）發生改變。攜帶罕見基因型（例如產生病毒認不得的細胞表面蛋白質）的宿主比較不容易感染寄生物，所以更有可能存活並且將自己的基因傳給下一代。現在變得普遍的基因型，在寄生物適應而認得後變得脆弱，此時的天擇就偏好另一種罕見的基因型。這種「負向頻率依賴選擇」，隨時間不斷地重複。

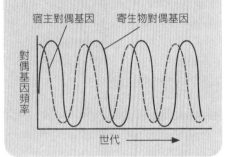

宿主對偶基因　寄生物對偶基因

對偶基因頻率

世代 ⟶

快速演化，由此可看出這是場軍備競賽。

我們從其他物種偷來的武器——例如亞歷山大·弗萊明（Alexander Fleming）在 1928 年從黴菌中發現盤尼西林——有助於對抗寄生物，但是敵人也追隨紅皇后的腳步，製造出抗生素抗藥性和 MRSA 這類的超級細菌。

獵物—掠食者的關係是一場軍備競賽，但之間的衝突卻往往曖昧不明，因為天擇作用在雙方的力道並不相等。誠如英國的生物學家理查·道金斯和約翰·克雷布斯（John Krebs）在 1979 年所說：「兔子跑得比狐狸快，因為兔子是為了活命而跑，但狐狸只為了晚餐而跑。」這個「活命或晚餐法則」讓我們看到失敗的懲罰，而且知道為什麼造成兔子輸掉的突變不太可能散布在基因庫：「兔子在跟狐狸的比賽中輸掉後就無法繁殖。常常抓不到獵物的狐狸雖然終究會餓死，但牠們剛開始或許還有些繁殖機會。」

天擇影響自然敵人演化的方式有三種：第一，軍備競賽可能逐步升級，有時導致過分誇張的武器和防禦，例如象鼻蟲的長口吻和山茶（Camellia）的厚果實。這種「提升版紅皇后」的共同演化，在化石紀錄中留下印記，荷蘭的古生物學家吉拉特·維莫基（Geerat Vermeij）將之稱為「提升假說」。第二種軍備競賽是「追逐版紅皇后」，劇情是受害物種因處於強大的天擇壓力而演化出全新特徵，迫使剝削者不得不急起直追。第三種是「波動版紅皇后」效應，發生在基因組合的頻率——剝削者和受害者都一樣——隨時間重複地高高低低時。

結束戰爭

告訴愛麗絲「你必須拼命不斷地跑，才能保持在原地」之後，紅皇后又說：「如果你想到另一個地方，你必須跑得比剛才快一倍以上！」那生物如何逃避衝突呢？例如，獵物遷移可能迫使掠食者尋找新鮮的肉，或宿主可能發展總體免疫對抗寄生物。但如果剝削者殺死太多受害者，有可能導致雙方一起滅絕，因此毒性高低或掠食程度在衝突結果中占有一席之地。戰鬥也可能暫時休兵而不是永遠和平，就像我們自己與人類微生物群的某些細菌之間的關係。

紅皇后可以解釋兩個對手之間的衝突，但群落或生態系統內部的多重互動就複雜許多。1999年，古生物學家安東尼·巴諾斯基（Anthony Barnosky）提出，除非為了回應環境的改變，否則很少發生滅絕和物種形成。巴諾斯基利用皇家主題和自然的不可預測性，將這個情況命名為「宮廷小丑假說」。然而，這兩個假說並沒有互相排斥，因為生物力和非生物力都會造成天擇。

人類微生物群

2012年，人類微生物群組計畫（Human Microbiome Project）的科學家揭開跟我們親密共處的真實生物有多麼千變萬化。研究者利用DNA測序證明，微生物群移居到人類這個生態系統，利用我們的能量資源，特別是我們產生的碳水化合物。例如，我們的腸子裡有數千物種存在，細菌的細胞數量遠勝過人類細胞。我們跟它們之間的生態互動隨物種而改變，但多數的微生物大概是「片利共生」，從我們的資源得利但不會造成傷害。有些是影響健康的寄生物，另有些則是「互利共生」：我們提供它們住所，它們保護我們不受致病的病原體入侵。值得注意的是，雖然我們用「友善細菌」之類的名字稱呼我們的微生物群，但它們有些仍然是潛在的敵人。從紅皇后的剝削者—受害者互動來看，剝削者可能是「專性」寄生物，傷害是它們生命週期的必然結果；或是「兼性」生物，機會出現就好好利用，像是當免疫力下降的時候。

重點概念
衝突驅動共同演化

43 生態系統

從湖泊和沙漠到雨林和珊瑚礁，每個棲地都包含一張互動的網，讓能量和生物質量可以在整個環境中流動。這些生態系統內含的資源有限，因此造成族群內部和群落之間彼此競爭，這就是天擇的主要驅動力。

查爾斯·達爾文在《物種起源》的最後，將生命描述成「糾纏的河岸」，意思是生物「以如此複雜的方式相互依賴」。動物學家查爾斯·艾爾頓（Charles Elton）在他 1927 年出版的《動物生態學》（*Animal Ecology*）書中，詳細說明複雜互動的概念。他認為，各個物種有自己的「棲位」（niche）：「自己在生物環境中的位置，自己跟食物和敵人的關係」。但誠如他的同事、英國的生態學家亞瑟·坦斯利（Arthur Tansley）在 1935 年指出，環境也包括無機的部分。坦斯利提出，生物因子和物理因子在生態系統內交互作用，而所謂的生態系統是「地球表面的自然基本單位」。

生態環境是爭奪棲位的戰場，身處其中的生命最終都是為能量而戰。地球的主要能量來源是陽光，透過綠藻和陸生植物的光合作用轉換成生物質量。這些「生產者」將能量收在碳水化合物的分子鍵，而「消費者」經由呼吸作用從碳水化合物釋放能量，把碳和其他元素還給生物圈。生物們吃來吃去，能量也從生產者轉移到消費者（並且從初級消費者轉移到二級消費者）。

大事紀

西元 1859	西元 1927	西元 1935
達爾文將物種之間的互動描述成「糾纏的河岸」	艾爾頓首創「生態棲位」和「食物網」的概念	坦斯利提出具有生物部分和物理部分的生態系統概念

食物網

　　食物鏈的頂端，實際上是金字塔的尖端。1942 年，美國的生態學家雷蒙·林德曼（Raymond Lindeman）將食物鏈中相同位置的所有物種歸類，形成「營養金字塔」（trophic pyramid，trophic 是希臘文的「營養」）的各個階層。自己製造食物的自營生物是在底層、異營生物吃其他生物，而像土壤細菌和真菌這類的腐營生物分解有機物質，屬於金字塔的隱藏基礎。能量在轉移期間會經由熱和廢物遺失，所以平均的營養效率只有 10%。由此可說明為什麼生態系統包含許多植物，但頂端的掠食者卻不多，以及食物鏈為什麼不長，通常只有 4 到 5 個物種。

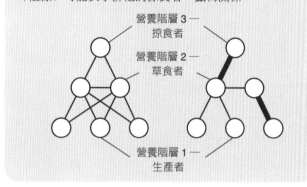

生態互動

食物網或金字塔的目的是能量／生物質量的轉移。營養階層的最高兩層是消費者，而底層是由生產者組成（沒有呈現基礎的分解者）。食物網包含多重的食物鏈，網上的節點代表「物種」，連線則代表誰吃誰。強大互動（粗線）可能表示排他的掠食者—獵物關係。

營養階層 3 —
掠食者

營養階層 2 —
草食者

營養階層 1 —
生產者

　　查爾斯·艾爾頓在 1927 年首次將食物鏈串連成食物網。食物網表現出達爾文的糾纏河岸，現在還建立數學模型，幫助回答生態系統內複雜互動的問題。舉例來說，入侵物種如何造成滅絕？棲地（habitat）破壞和人為氣候變遷會造成什麼衝擊？

多樣性和穩定性

　　我們為什麼應該保存物種？環保人士假設「多比較好」：根據觀察自然界的結果，艾爾頓認為簡單群落比豐富群落更容易被擾亂。

西元 1942
林德曼利用營養金字塔描述生物之間的能量流

西元 1973
梅的數學模型指出自然的食物網不是隨機

西元 1999
保險假說解釋物種多樣性如何提供生態穩定性

能量流

跟棲地不同，生態系統並不是地理位置。生態系統的概念是個比喻：在一個能量驅動的機器裡，有機體是移動的部分。因此，生態系統是遵守物理定律的熱力系統。愛因斯坦的方程式 $E = mc^2$ 證明能量和質量是等價的，而質量守恆定律說明「物質無法被創造或消滅」，因此生物學家可以把生物質量或能量流當成相同的東西研究。生物在吃掉其他的生物時發生能量轉移，這也提供形成身體所需的一切化學元素：主要是碳、氫、氧、氮、鈣和磷。隨著生命建造和生物分子斷裂，這些元素會在整個生態系統循環，最終是在整個生物圈循環。然而，生態系統的移動部分會不斷地跨過邊界：鳥在夏天遷徙、魚在珊瑚礁長成後游向大海。因此，生態系統並不是真實、封閉的熱力系統，只不過這種類比有助於研究它的複雜互動。

有個例子是耕地，人類刻意減少生物多樣性的土地，使得這些土地更難防止物種入侵。1955 年，生態學家羅伯特‧麥克阿瑟（Robert MacArthur）主張，如果有多重的掠食者—獵物關係，掠食者或獵物的族群大小都比較不容易銳減。

但是在 1973 年，澳洲的理論生態學家羅伯特‧梅（Robert May）挑戰這些直覺的論點。他利用數學模型建立生物網，模型中隨機分配物種之間的互動強度（強大連結可能代表只吃一種獵物的掠食者）。梅的系統在包含更多連結時較不穩定，意指穩定性取決於特定的互動性質。

田野生態學家採行不同的路線。1982 年，大衛‧蒂爾曼（David Tilman）展開他在單一營養階層長達 11 年的穩定性研究，地點是在植物製造生物質量的明尼蘇達草原某區。他的結果顯示，多樣性有助於維持食物金字塔，至少在它的底層。在多重營養階層進行田野測試極其繁複，不過對細菌和原生生物的小宇宙進行的小規模研究，也同樣指出多樣性提供穩定性。

這只是其中一個問題。另外還有一個：生態學家對於多樣性或穩定性的定義沒有共識。為了簡化互動的網路，通常將不同物種結合成一個「功能群」，至於穩定性的意義更是有好幾種。儘管環境的條件更動，但生態系統可能「抗拒」改變，而且可能對波動具有「恢復力」，亦即受到干擾後能回復正常。

　　穩定的系統也不代表靜態。有些湖泊在清澈透明和覆有浮渣的兩種狀態間來來回回，反映不同藻類之間的戰鬥結果。「自然平衡」的概念不單只是科學上的。

互動和保險

　　艾爾頓關於複雜食物網的論點以及梅證明複雜性並不穩定的模型，兩者的矛盾可藉由物種互動的方式調解。1992 年，加拿大的生態學家彼得・約德齊斯（Peter Yodzis）利用從真正的食物網關係收集的資料，建立一個互動看來合理的模型，從中發現互動的強度是穩定性的關鍵。強大互動（例如掠食者只吃一種獵物）可能導致失控的消耗，因此穩定的生態系統需要很多弱的互動，像是雜食動物。

　　此外，雖然有些生物對生態系統不可或缺，但其他生物或許不是。1999 年，理論生態學家谷內茂雄（Shigeo Yachi）和米歇爾・洛羅（Michel Loreau）概述「保險假說」：更高的多樣性至少讓某些物種更有可能回應環境的改變，並且讓功能群更有機會包含能取代重要物種的物種（所謂的冗餘性）。然而，很難預測哪些物種對生態系統不可或缺、哪些則比較容易取代，因此最安全的方法是假設每個物種都很重要。倫理精神（例如保存物種的道德責任）或許說服不了政府，但保護生態系統的最佳論點相當實際：生態系統也是我們人類的維生系統。

> 「雖然生物可能奪取我們的主要利益……但我們不能將他們從他們的特別環境隔離，因為他們跟環境形成一個物理系統。」
>
> ——亞瑟・坦斯利

重點概念
穩定的食物網具有多樣物種和弱的互動

44 天擇

天擇的演化論能說明從鳥類到細菌的一切如何適應自己的環境，最終有助於解釋生物的多樣性。今日提到的天擇，通常跟一個人有關——查爾斯·達爾文，但其實更應該歸功於阿弗雷德·羅素·華萊士。

發表《物種起源》的前一年，達爾文收到一個包裹，裡面附有年輕的博物學家阿弗雷德·羅素·華萊士（Alfred Russel Wallace）寫的文章，以及一封詢問他想法的信。當時是 1858 年 6 月 18 日，達爾文在肯特（Kent）的家中收集證據支持他理論：為了生存的奮鬥導致演化發生。他打開華萊士的包裹並且閱讀文章，內容概述了幾乎完全相同的理論。

達爾文極為震驚。最近他曾告訴植物學家約瑟夫·胡克（Joseph Hooker）不用急著讀他「巨著」中關於物種的手稿，現在他心煩意亂地寫信給地質學家查爾斯·萊爾（Charles Lyell）。華萊士人在東南亞，但達爾文拒絕待他不公，他說：「我寧可把我整本書燒掉。」達爾文還有其他的事要擔心（他的兒子罹患猩紅熱），因此胡克和萊爾想出一個計畫。1858 年 7 月 1 號，他們在倫敦林奈學會發表兩篇論文：華萊士的文章和達爾文著作的摘錄。胡克和萊爾的行動曝光後，達爾文和華萊士都對此表示高興。

理論的起源

達爾文和華萊士為什麼會提出相同的理論？他們的共同處在於生物多樣性：達爾文花了五年的時間，搭乘小獵犬號軍艦進行著名的環球航

西元 1798	西元 1809	西元 1831～1836
馬爾薩斯指出有限的資源會抑制人口成長	拉馬克主張物種演化是因為個體適應環境	達爾文搭乘小獵犬號軍艦進行環球航海，包括造訪加拉巴哥群島

海，研究地質和自然；華萊士則以採集標本謀生，他有 4 年的時間待在亞馬遜，而有 8 年是在馬來群島（Malay Archipelago）。

另一個共同影響是托馬斯·羅伯特·馬爾薩斯（Reverend Thomas Malthus）在 1798 年發表的《人口論》（*An Essay on the Principle of Population*）：書中指出當人口成長快過食物生產時，數量會受到一些因素抑制，像是飢荒和疾病。這點啟發了為有限的環境資源競爭的想法。

對華萊士而言，天擇是在印尼爆發瘧疾的期間突然湧現的「恍然大悟」時刻。就達爾文來說，這是個緩慢的領悟過程，從他關於在南美洲西岸外海的加拉巴哥群島（Galápagos Islands）收集的鳥類想法可見一斑。現在被稱為達爾文雀的這種鳥，有著深色的外表和稍微不同的鳥喙。1839 年出版的《小獵犬號航海記》（*The Voyage of the Beagle*）裡幾乎沒有提到牠們，但是達爾文在 1845 年的版本提到：「在一小群血緣相近的鳥類中，看到結構的逐漸變化和多樣性，或許真的會幻想從島上原本不多的鳥類中，選擇一個物種來改造成不同的結果。」

作用中的演化

天擇並非永遠是個緩慢和漸進的過程。有可能在人的一生中觀察得到，一個例子是達爾文雀。彼得·葛蘭特（Peter Grant）和妻子羅斯瑪麗·葛蘭特（Rosemary Grant）從 1973 年起就一直追蹤大達夫尼島（Daphne Major）上的鳥，這是加拉巴哥群島的一個小島，島上大約有 150 對繁殖配偶面臨聖嬰－南方振盪現象（El Niño-Southern Oscillation）——大氣壓力和氣溫週期翻轉的氣候現象——的環境壓力帶來的挑戰。1977 年，乾旱造成小種子變得彌足珍貴後，只有大鳥喙才能撬開堅果。存活的中型地雀雖然不到 20%，但是在 1978 年，子代的鳥喙平均大了 4%。天擇在一年內就發生。演化正在作用的另一個例子是理查·蘭斯基（Richard Lenski）的長期演化實驗。從 1998 年起，他的實驗室開始培養 12 個大腸桿菌族群。每經過 500 世代（75 天），有些細菌被移到新的燒瓶，其他細菌被冷凍作為當時的紀錄。蘭斯基和扎卡里·布朗特（Zachary Blount）在 2008 年發現，有個族群演化出代謝檸檬酸——微生物通常無法用作能量來源的分子——的能力。後來發現這是幾次隨機突變的結果。到了大約第 32000 代（4 年），吃檸檬酸的族群能長得更大，而且遺傳多樣性更高。

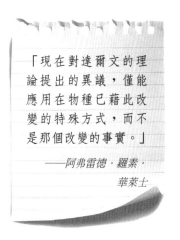

「現在對達爾文的理論提出的異議，僅能應用在物種已藉此改變的特殊方式，而不是那個改變的事實。」

——阿弗雷德·羅素·華萊士

條理清楚的演化論，最早是由尚－巴蒂斯特·拉馬克提出，他主張物種的「演變」是生物在有生之年獲得特性後發生，不是透過已經適應環境的存活個體。除了在異國群島觀察到生物多樣性，達爾文還收集證據支持他的理論，作法是研究馴化的物種，像是狗、馬和鴿子。「天擇」這個名詞在此指的是「人擇」或選擇育種。1859 年，達爾文出版了《物種起源》〔全名爲《論處在生存競爭中的物種之起源》（*On the Origin of Species By Means of Natural Selection, or, the Preservation of Favoured Races in the Struggle for Life*）〕。

適存度、過濾器和命運

「適者生存」是許多人對於天擇的了解。這句話是哲學家赫伯特·史賓賽（Herbert Spencer）在 1864 年提出，然而它的普及有部分要歸功於華萊士。華萊士不喜歡「天擇」這個名詞，因爲字面的意思可能暗指有意識的「選擇者」、而非無心的大自然。幾經抱怨之後，達爾文在第五版（1869 年）的書中換掉這個名詞。華萊士接著將手上的書從頭到尾親手刪掉所有「天擇」，全都換成「適者生存」。達爾文對天擇的最佳總結是：「增殖、變化，讓最強的活著而最弱的死去。」最後一句指的是生存，「增殖」的意思是繁殖，但生物如何「變化」呢？1930 年代的現代演化綜論，結合天擇與孟德爾的遺傳定律，當時的生物學家已經知道多樣性的主要來源是突變，創造帶有基因突變體組合的個體。每個「基因型」決定一個「表現型」，也就是影響生物適存度——生存與繁殖的能力——的可見效果。

選擇，可以想像成影響基因庫中新突變何去何從的一連串過濾器。如果突變提高適存度（像是保護植物抵禦乾旱的突變體），那麼它就能通過各個過濾器，經由「正向選擇」散布到整個族群。好的突變能使物種適應，因此也稱爲「達爾文選擇」。如果突變降低適存度（最糟的例子是致命），那麼它就可能被「負向選擇」抹去痕跡。

壞的突變會從族群中被剔除，因此稱之爲「淨化選擇」。如果突變有利有弊，可能藉由「平衡選擇」保留下來。有個例子是造成鐮形血球性狀的基因變異體，若有一個能不受瘧疾感染，但如果兩個染色體都突變就會造成疾病。

性的選擇

做出選擇的是什麼，

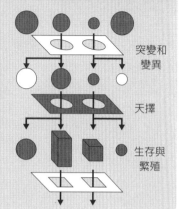

選擇的過濾器

環境壓力（例如乾旱、疾病或尋找配偶）製造天擇的過濾器。個體唯有具備生存與繁殖的能力——適存度——才能通過過濾器留下後代，而這個後代還會面臨其他的過濾器。因爲環境不斷地改變通過過濾器的要求，所以生物只能一再地適應過去或現在，永遠都沒有完美的一天。

突變和變異

天擇

生存與繁殖

也可以用來分類天擇。「性的選擇」透過挑選配偶發生，而「生態選擇」是環境的其餘部分帶來的壓力。達爾文認爲性的選擇相當明確獨特，但現代生物學家認爲它只是天擇的子集。性的選擇是達爾文和華萊士的差異之一：華萊士相信雌鳥顏色黯淡是爲了保護牠們免受掠食者攻擊；達爾文相信雄性色彩鮮明是爲了吸引雌性。雖然天擇的發現者對某些事物的意見不一，但他們仍是朋友。誠如達爾文在 1870 年寫給華萊士的信：「儘管在某種意義上我們是競爭對手，但我們從來沒有對彼此感到任何嫉妒，我希望你想到這點時感到滿意——我的生命中很少有什麼比這更讓我滿意。」

重點概念
物種不斷適應千變萬化的環境

45 遺傳漂變

天擇驅動演化向前，但它不是造成族群隨時間改變的唯一力量。當個體因緣際會得以生存與繁殖時，他們的 DNA 可能遺失，或漂移過整個基因庫後擴散。

　　雖然達爾文和華萊士發現天擇的過程相當平和，但遺傳漂變（genetic drift）的理論是由兩個數學天才之間的衝突產生：羅納德‧費雪和休厄爾‧賴特（Sewall Wright）。出生在倫敦的費雪很早就展現數字方面的天分，但因為近視很深，所以發展出過人的心算加以彌補。在美國伊利諾州成長的賴特，父親是前經濟學家也是位博學家，有個名號叫「伊利諾草原的達文西」。早熟的年輕賴特在還沒上學前就能計算立方根。

　　費雪和賴特與 J‧B‧S‧霍爾丹一起建立族群遺傳學的領域，奠定「現代演化綜論」──結合天擇與孟德爾的遺傳定律──的基礎。雖然費雪和賴特都同意主要的機制（選擇驅使物種適應），但對於細節有所爭論，尤其是演化如何創造新奇性。費雪相信混合所有的族群成員能較快出現，賴特則提出「動態平衡」理論：部分隔離的亞族群之間遷移，比較快產生新的基因組合與新奇特徵。兩人最大的歧異是隨機因素的角色。費雪認為它的影響不大；賴特覺得它相當重要。

大事紀

西元 1930	西元 1931	西元 1942
費雪的《天擇遺傳論》（*The Genetical Theory of natural Selection*）開啟現代演化綜論	賴特的動態平衡理論認為演化的新奇性是透過遺傳漂變	麥爾描述從一個族群隨機抽樣造成奠基者效應

選擇、機會和改變

　　想像有天機器人終於起義叛變，現在你的主人是個玩豆子遊戲的機器。它將幾十顆紅腰豆和白腰豆丟進碗裡，給你一點時間選出十顆。身為辣肉醬粉絲的你，一把抓起大多是紅色的豆子。機器向你解釋，當你的豆子長成植物後，你要收成一碗新的豆子。然後連續重複幾代：機器偶爾加入自己的豆子當作突變，而你的行動就像天擇，每次都試圖抓出紅色的豆。

　　不過機器會感到厭煩。所以現在不用碗，而是要求你從袋子裡挑選豆子，使得紅與白的組合可能有十種。起初，平均比例大約落在 5：5 附近，但隨著時間經過，多數袋子內含的比例會變成 6：4、7：3、8：2、9：1、10：0。數值逐漸攀升，因為你一旦開始收成紅腰豆（或白腰豆），植物就會生產更多相同顏色的豆。若收成 100 顆豆子，9：1 的比例中不太可能是 10 顆白腰豆，統計上比較可能是 10 顆紅腰豆。豆子代表基因，顏色是二選一的變異體（「對偶基因」），因為從袋子裡隨機抽樣而變更常見或少見。

　　遺傳漂變是對偶基因的頻率隨時間波動，原因出自隨機抽樣。1956 年，彼得・布里（Peter Buri）製造一百多個果蠅族群來證實這點。他的果蠅攜帶紅眼或白眼的對偶基因，最初的頻率是 0.5，各族群中有 50% 的對偶基因是紅眼。他繁殖 19 代的果蠅，每一代都隨機挑選 8 隻雄性和 8 隻雌性，與牠們的眼睛顏色無關。最後，族群的四分之一失去紅眼對偶基因、另外四分之一全都具有紅眼，然而還有一半的對偶基因頻率是 0.5。

西元 1956
布里的實驗證明果蠅族群的遺傳漂變

西元 1968
木村用分子演化的中性理論解釋突變率

西元 1973
太田對稍微有害的突變提出近中性理論

中性理論

達爾文明白，演化不只受到選擇驅動。他在《物種起源》中寫到：「既不有用也不有害的變異不受天擇影響，而會留下成為波動元素。」雖然他談論的是生理特徵，但卻不可思議地精確描述遺傳漂變。在遺傳學中，變異是突變創造的對偶基因，而新突變的命運由選擇或機會決定（選上或漂變）。兩者能使突變從基因庫消失，或散布直到每個個體都攜帶（「固定」在物種內）。

瓶頸

當族群大小開始縮減時，剩餘個體的樣本變異也會減少。基因多樣性降低的一個後果是天擇的原始材料變少：較少機會出現幸運的個體，帶有可能讓族群適應環境改變的突變。這有可能將瀕臨絕種的物種推向滅絕。1942 年，演化生物學家恩斯特‧麥爾提出，瓶頸也可能透過「奠基者效應」導致物種形成。麥爾將費雪、賴特和霍爾丹的數學研究稱為「豆子袋遺傳學」，因此諷刺的是奠基者效應其實起因於遺傳漂變：殖民的個體從原始族群中攜帶少量的對偶基因（基因變異體）樣本，所以有些對偶基因可能遺失或偶然散布。有個人類的例子是發生在荷裔南非族群間的亨丁頓舞蹈症。這種神經系統的遺傳疾病通常很罕見，但卻常常出現在南非白人當中，因為有個 1652 年定居在那裡的荷蘭殖民者，不幸地攜帶造成疾病的對偶基因。天擇可能漏掉這個對偶基因，因為人類在還沒意識到這個基因以前，就能生育繁殖而將它傳遞下去。

突變對適存度──生物生存或繁殖的能力──的影響，會左右它自己的命運。雖然我們通常說好突變或壞突變，但它們也可能是中性的。1960 年代以前，許多研究者假設，選擇將最好的突變推進基因庫。後來的測序技術讓科學家能讀取蛋白質上的鹼基，之後還能讀取 DNA，因而可比較不同物種的相同分子，計算差異的數量。1968 年，日本的遺傳學家木村資生（Motoo Kimura）利用這種資料，計算人類和果蠅的基因組中有多少核苷酸置換（單一鹼基替代）。結果發現，突變多到似乎不可能全都是被選出來的，意指突變已透過隨機的遺傳漂變而累積。

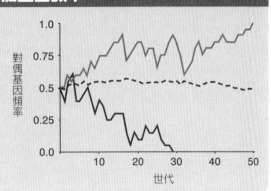

波動的對偶基因頻率

遺傳漂變發生在族群的對偶基因（基因變異體）隨時間變更常見或少見時，原因出自每一世代的隨機抽樣。頻率從 0.5 開始，亦即一半的個體攜帶一個對偶基因，接著可能變成：在平均的頻率附近波動（中間虛線）、族群的所有個體都遺傳到（上方的線），或是從基因庫裡漂移不見（下方的線）。

1973 年，太田朋子（Tomoko Ohta）讓木村的分子演化中性理論更臻完善，她指出就連稍微有害的突變（對適存度的影響不大）也會被天擇忽略。

族群大小

要求很多的豆子機器，現在已經決定你只能從袋子裡選四顆豆子，產生的紅：白比例是 0：4、1：3、2：2 或 4：0。透過隨機抽樣，漂變到全紅或全白所需的時間較短。如果機器回到讓你從碗裡選擇豆子，但你只能很快地抓出四顆而不是十顆，你就比較可能意外抓到一整把白腰豆。族群大小會影響選擇的強度。小的族群容易受隨機抽樣和遺傳漂變影響，可能是因為造成瓶頸而降低遺傳變異。中性理論解釋突變的命運若是「隱形」，可能是因為它們對適存度的衝擊微乎其微，或是因為小的族群導致隨機抽樣和遺傳漂變。

重點概念
物種光憑藉隨機的機會就能演化

46 自私基因

適者生存是看待天擇的一種方法，另一種則是從基因的觀點——自私地利用攜帶它們的
生物複製並一代傳過一代的分子。這種演化觀點有助於解釋無私的社會行為：利他主義。

理查·道金斯在 1976 年出版的《自私的基因》中，集結生物學家
在二十世紀發展出「基因中心的演化觀點」的研究成果。因此，我們可
以將天擇想成迫使基因庫裡的變異體背水一戰的過程，就好像它們在彼
此競爭對抗，活下來的變異體能透過攜帶它們的個體繁殖。選擇同時作
用在個體和他的基因，好比是一輛跑車和它的零件。研究動物行為的道
金斯，決定將書的重點擺在基因中心觀點如何解釋利他主義。

我們為什麼幫助他人？任何生物為什麼都應該幫助其他生物？社
會行為根據行為者（表現行為的個體）和接受者的成本效益可分為四大
類：互利幫助雙方、惡意傷害彼此、自私性（selfishness）對行為者有
利，而利他的代價昂貴。利他者所花費的資源，從時間和食物到最終極
的代價：自我犧牲。善良和慈愛涉及關心他人福祉，但情感豐沛的煽情
解釋，並不能應用在無心的動物身上。

群體選擇

天擇是「適者生存」，但所謂的適者為何？基因？個體？還是群
體？科學家曾經假設，自然界的淘汰可能發生在任何層次，因此利他主
義能被解釋成生物是「為了群體好」或「種族的利益」而行動。

大事紀

西元 1859	西元 1930～1940	西元 1960
道金斯指出對家庭的利他行為可以解釋社會性昆蟲	族群遺傳學家證明演化如何影響基因庫裡的變異體	演化生物學家主張群體選擇無法解釋利他主義

收養

把其他父母的孩子當成自己的小孩照顧——收養——的行爲,已經在六十多種哺乳動物中發現。收養可作爲利他主義的例子,用來測試漢彌爾頓的「總括適存度理論」,理論預測代理母親比較可能收養血緣相近的孤兒。然而,野生的結果通常不夠清楚,因爲很難計算群體生活的收養者付出多少適存度成本,而且利他行爲可能獲得無關總括適存度的利益,像是鞏固社會關係。關於這點,有個解決方法是研究獨居的「非社會性」物種,例如紅松鼠。2010 年,加拿大的生態學家傑米·葛雷爾(Jamie Gorell)和同事從一處田野的 2230 個松鼠窩調查 19 年獲得的珍貴資料中發現,沒有近親的孤兒從來不被收養。研究者只確認五件收養,根據已知的家庭樹和和基因檢測,他們證明孤兒永遠都跟代理父母至少有 12.5%(等同於堂兄弟姊妹)的血緣關係。因此,漢彌爾頓規則可以解釋非社會性動物的偶發利他。

例如,動物學家 V·C·韋恩—愛德華茲(V. C. Wynne-Edward)在 1962 年主張,個體會謹慎地限制自己的出生率,使族群的負擔減至最低。但大約在二十世紀中期,喬治·威廉斯等演化生物學家反駁天眞的群體選擇。因爲有個問題是,一群利他者很容易被騙子侵害,騙子無需成本就能獲得合作的好處,所以他們省下了資源。族群遺傳學之父——羅納德·費雪、休厄爾·賴特與 J·B·S·霍爾丹——對於基因庫提出類似的論點。因此,利他主義需要一個更好的理論。

西元 1964
漢彌爾頓規則的總括適存度可說明利他主義的條件

西元 1970
普賴斯提出公式研究天擇的各種效果

西元 1976
道金斯的《自私的基因》推廣基因中心的演化觀點

親屬選擇

　　我們為什麼照顧自己的小孩？給他們吃穿、讓他們受教育都得花時間和金錢，然而人們卻說養育子女相當值得。那好處是什麼呢？達爾文在《物種起源》的解釋給了我們提示，請看看天擇在繁殖方面的例外：螞蟻、蜜蜂和白蟻這類的昆蟲，形成的社會可能包含無法生育的工作者。達爾文說，只要記得「或許就像應用在個體上，選擇也能應用在家庭上」，這個「難題」就會消失。1964 年，生物學家約翰‧梅納德‧史密斯把這個想法稱為「親屬選擇」。

　　當被問到是否願意冒生命危險拯救溺水的兄弟時，J‧B‧S‧霍爾丹俏皮地說：「不，但我會救兩個兄弟或八個表親。」1955 年，他用影響跳河救人行為的假設基因，解釋這種裙帶關係。根據父母將染色體傳給下一代時隨機分配的基因，你跟手足共享的 DNA 有 50%，而堂（表）手足則有 12.5%（所以八個就得到 100%）。親屬選擇解釋了為什麼「血濃於水」。

總括適存度

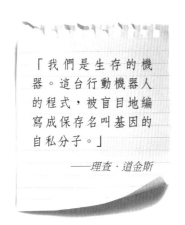

「我們是生存的機器。這台行動機器人的程式，被盲目地編寫成保存名叫基因的自私分子。」

——理查‧道金斯

　　根據天擇的原理，利他主義是個令人費解的問題，因為付出的成本會降低個體生存與繁殖的適存度，所以除非利他主義提高個體的適存度，才有可能受到天擇偏愛。英國的演化生物學家 W‧D‧漢彌爾頓理解到這點，並將這樣的利益命名為「總括適存度」——取決於親緣的量。漢彌爾頓的模型本質上問的是：對親屬的利益何時比自己的成本重要？他的模型可簡化成現在稱為「漢彌爾頓規則」的方程式：$rb > c$，其中「c」是行為者的總括適存度的成本、「b」是利益，而「r」是跟接受者的親緣（相同基因）。因為親緣乘上利益（$r \times b$），所以利他主義比較可能在行為者和接受者是近親時出現。

　　漢彌爾頓用總括適存度測試達爾文的「難題」：真社會性昆蟲。以蜜蜂為例，勞動者通常被分成產卵的蜂王，加上數以萬計無法生育的工

蜂，每個都各司其職，像是覓食和養育幼蟲。

　　人類是有兩組基因的「二倍體」，然而社會性昆蟲通常是「單倍二倍體」，因為蜂王操控受精，所以姊妹的親緣有75%。漢彌爾頓發現，總括適存度可以解釋昆蟲的真社會性，但他的方程式有些瑕疵。1970年，動亂時代的天才喬治‧普賴斯（George Price）提出新的公式──普賴斯公式──解釋各種自然現象，幫助改進漢彌爾頓的研究。

　　親屬選擇提高總括適存度的理由是，個體直接對基因相同的親屬表現利他，能夠影響自己的基因是否傳遞下去。實際上如何作用呢？漢彌爾頓最初提出兩種方式。個體住在相同的地區時造成有限散布，這樣利他行為就有可能演化，因為個體會預期對方是自己的親戚。而另一種「親屬差別」方式（譯註：能辨識親屬並根據親屬關係決定行為，越親近、越有可能產生利他行為）可能造成糾紛，誠如《自私的基因》中的思想實驗所示：如果親屬能藉由醒目的綠鬍子辨識彼此，策略一開始或許行得通，但很快會出現弱點被騙子、或「假鬍子」入侵。因為利他者最後選擇的是攜帶「鬍子基因」（和連鎖DNA）本身的個體，而不是根據親緣關係。

人類和螞蟻的親緣

下圖為雌性（星號）和她近親間遺傳相似性的家庭樹。人類（圖左）的所有個體都是「二倍體」，從親代雙方各遺傳一組基因，性別是由X和Y染色體決定。雌性跟親代之一或手足的相似性有50%，跟姪子（外甥）／姪女（外甥女）的親緣是25%。螞蟻（圖右）這類的昆蟲通常是「單倍二倍體」，性別由卵是否使用精子的染色體決定：受精卵是二倍體會變成雌性，未受精卵只有一組基因，會變成「單倍體」的雄性。雌性跟姊妹的相似性有75%，但是跟兄弟的親緣只有25%。

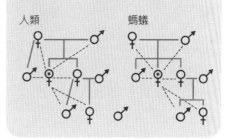

人類　　　　　　　螞蟻

重點概念
自私基因的行為驅動個體的利他主義

47 合作

親屬選擇（幫助共享相同基因的對象）解釋親屬之間的利他主義。但沒有血緣關係的個體間也出現合作行為，甚至完全不同物種的成員之間也有。利他主義如何能在這些例子中演化？有個解釋是個體藉由「互惠利他主義」彼此受益。

自然界中，利他主義最常見於親屬之間。生存的能力受到資源影響，因此把資源用於其他個體得付出自己的「適存度代價」。生物學家 W‧D‧漢彌爾頓用數學證明，如果你幫助的個體跟你有親屬關係，這些代價就能得到補償，因為他們跟你共享部分的基因，所以利他某種程度也是在幫助自己。漢彌爾頓的「概括適存度」想法，因為理查‧道金斯在 1976 年出版的《自私的基因》而普及，這本書也提及解釋非親屬間合作的主流理論。

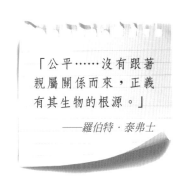

「公平……沒有跟著親屬關係而來，正義有其生物的根源。」

——羅伯特‧泰弗士

互惠利他主義

「你抓抓我的背，我也幫你抓背。」這就是互惠利他主義的基本概念。美國的社會生物學家羅伯特‧泰弗士（Robert Trivers）在 1971 年提出互惠利他的理論，他認為社會互動若是不只一次，而是行為者（表現利他行為）和接受者（從利他行為得利）有可能再次相遇，合作行為的成本效益會有根本上的改變。

有個非常明顯的互惠抓背例子，是靈長動物之間的理毛行為。類似的情況也出現在清潔魚和宿主之間，這種共生關係可稱為「互利共

生」，因為兩個物種的適存度都藉此提高：宿主受惠於寄生魚的清潔；而清潔魚因此得到食物。

然而，關係的其他面向確實看似利他。有些宿主讓清潔魚進入嘴裡、卻不吃掉牠們，甚至還會驅走清潔魚的威脅，這得耗費自己的能量和承擔受傷的風險，也就是付出適存度代價。

禮尚往來

泰弗士的理論指出，合作可能透過正回饋迴圈演化：行為者對接受者施予最初的「恩惠」後，另一方提出「回報」（接受者變成行為者）作為報答。如果重複這樣的互動能提高適存度，那麼合作行為相關的基因就會散布到整個族群。但如同偏袒群體內任一行為的天擇，合作也製造一個演化難題：什麼能避免個體受騙，在沒有損失的情況下得利？當別人都得努力才能克制時，是什麼阻止宿主吃掉嘴裡的清潔魚？吃掉魚的騙子可以省下資源用在其他地方（增加適存度），所以牠們的自私基因（和行為）應該散布在整個宿主的基因庫。

遺傳衝突

合作或許在親屬間很常見，但就連最親的父母和子女都可能出現衝突。像是自然界的許多爭執，最終都歸咎於爭奪有限資源。這個想法的基礎是 W·D·漢彌爾頓根據遺傳親緣提出的「總括適存度」數學模型：子代跟各親代共享 50% 的基因，但是跟兄弟姊妹只共享少於 50% 的基因。因此，子代會自私地試圖以手足為代價得利自己，然而父母的目標是將資源公平分配給目前和未來的後代。羅伯特·泰弗士在 1974 年主張，這會造成父母對於應該投資各個子代多少的意見不合。1990 年代，泰弗士探討生物的基因組和它的自私基因片段——可能傷害宿主和貢獻垃圾 DNA 的寄生物——之間的衝突。2008 年，他和演化遺傳學家奧斯丁·伯特（Austin Burt）根據研究結果，共同寫出內容豐富的《基因的衝突》（*Genes in Conflict*）。

互惠利他主義的精確摘要是：「你為我做些事，我回報你的恩惠——不過是在之後。」後半段很重要，因為這讓兩個恩惠之間出現時間差，所以利他的個體有時間揪出群體裡的騙子，可以辨別甚至懲罰他們：不願再次合作或直接主動攻擊。

西元 **1980**
艾瑟羅德舉辦的賽局理論錦標賽為合作提供深入見解

西元 **1981**
艾瑟羅德和漢彌爾頓將適存度與賽局結合成「合作的演化」

西元 **2009**
克魯頓－布羅克指出互惠利他主義在自然界並不常見

群體中有這麼機智的利他者，天擇就不會偏好「欺騙的基因」。泰弗士由此提出，互惠利他主義對於社會行為有更廣的影響，這點解釋了感激、信任和猜疑之類的事，也對內疚和試圖「改過自新」做了說明。

這樣的生物互動，為公平和正義的演化開出一條道路。

贏得勝利

互惠利他主義理論向來都得到賽局理論研究者的支持。賽局理論是關於策略和決策選擇的研究，應用範圍遠超過生物學，幾乎可說是無所不包，例如經濟學與核威懾。最著名的思想實驗是「囚犯困境」，參與其中的兩人有機會合作獲得小小的共享利益，或是指控另一個人有罪來賭賭重大的個人獎勵（如果被揭穿就是刑罰）。

囚犯困境

賽局理論者分析的經典橋段是，想像警察逮捕犯罪幫派的兩名成員，但持有的證據不多。警察分別這審問這兩個人，希望他們能坦白招供。如果兩名幫派成員都保持沉默（有效地合作），他們都只判刑一年。但如果其中一人「背叛」，指控對方犯下嚴重罪行，背叛者因為認罪協商而獲判無罪，重犯者則需入獄服刑十年。如果兩個人都坦白招供，那就沒有協商空間，兩人都必須服刑兩年。

1980 年，政治學家羅伯特‧艾瑟羅德（Robert Axelrod）舉辦一場囚犯困境重複賽局的競賽。各個參賽者都提出一種演算法：一組指導語，說明犯人應該如何本能回答，以及應該如何對另一個犯人的行動做出反應。比賽得分是根據電腦重複兩百多次賽局的結果。數學家安納托‧拉普波特（Anatol Rapoport）提出的策略一直拔得頭籌：其中的簡單演算法是一個犯人重複選擇合作行為，但如果另一個人背叛，就在下一場賽局中用背叛懲罰他，只有當背叛者了解自己的做法錯誤時才重新合作。拉普波特的「以牙還牙」演算法和互惠利他主義之間的相似性，促使艾瑟羅德與發現「總括適存度」的 W‧D‧漢彌爾頓共同研究，他們結合天擇與賽局理論，在 1981 年發表「合作的演化」（The Evolution of Cooperation）論文。

互利共生或操弄？

幾十年來，互惠利他主義一直被認為是非親屬間合作的可能解釋。然而，有些生物學家也一直提出，人類以外的其他動物並沒有那麼常交換資源或服務。英國的動物學家提姆‧克魯頓—布羅克（Tim Clutton-Brock）在 2009 年的回顧論文檢視一些經典案例，結果發現沒有一個符合他的嚴格標準，足以證明牠們有清楚的利他行為。因此克魯頓—布羅克推斷，許多非親屬間的合作例子，大概是互利共生或彼此操弄的案例。

合作在自然界很稀有嗎？這個問題很難回答，部分原因是行為可由不同的方式解讀，誠如教科書提到的吸血蝙蝠案例。1984 年，美國的社會學家傑拉德‧威爾肯森（Gerald Wilkinson）報告，吸血蝙蝠在獵食後回家，狩獵有成的動物有時會反芻食物給飢餓的同伴吃，這種利他行為通常針對親屬。理論生物學家彼得‧漢默斯坦（Peter Hammerstein）提出辨識出錯或「誤認的親屬辨識假說」：與非親屬分享食物是親屬選擇的副產品。然而，提姆‧克魯頓—布羅克則提出「騷擾假說」：分享完全受到群體中的他人操弄，沒得吃的蝙蝠會不斷乞食導致壓迫。但是在 2013 年，威爾肯森進行為期兩年的實驗，測試這些假說。20 隻吸血蝙蝠在禁食和每 48 天提供食物之後，分享行為有三分之二出現在非親屬之間（似乎偏向親屬選擇出錯），而且食物捐贈者比接受者更常開始分享食物（跟騷擾並不一致）。所以至少在吸血蝙蝠中，合作會提高彼此的適存度。就連吸血鬼都願意大方分享。

重點概念
和睦相處或是承受苦果

48 物種形成

達爾文的《物種起源》關注創造生命樹的演化機制，但卻沒有真正解釋分支如何一變為二。雖然我們把物種形成稱為「事件」，然而這個過程實際上是緩慢、漸進的分離，最終結果是不同族群的成員不再能混種繁殖。

回答新的物種如何形成這個問題以前，我們必須先問：「什麼是物種？」分類學者用共享特徵將生物分組，像是形態學（morphology），但許多生物學家偏好「生物種概念」，德裔美國的演化學家暨鳥類學家恩斯特·麥爾將這個想法發揚光大。麥爾在 1942 年出版的《系統分類學與物種原始》（*Systematics and the Origin of Species*）書中，將物種簡單定義為無法混種繁殖的族群。

有性生殖的動物、植物和其他生物，形成新物種的途徑主要有兩條。第一，「同域物種形成」發生在族群內部出現基因明顯不同的個體之後，最終形成兩個範圍重疊但無法混種繁殖的物種。有個例子是非洲大湖的慈鯛，雌性做出的配偶選擇驅動性的選擇，創造出明顯不同的群體。第二條途徑是「異域物種形成」，亦即地理屏障將族群分開，目前認為多數的物種形成事件由此引發。形成新的物種還有其他途徑，但是通常很難證實兩個群體從來沒有被地理環境阻隔。

大事紀

西元 1889	西元 1937	西元 1942
華萊士指出雜交種適應不良會增強物種形成	杜漢斯基提出遺傳差異導致雜交種不相容性	麥爾描述生物種概念和奠基者效應

地理隔離

　　異域物種形成始於屏障，或許是隆起的山脈、冰河區，或甚至是新的道路，真真實實將族群一分為二。屏障無須永遠存在，只要久到足以啟動創造兩個「起始」物種的過程。就連遷移都能觸發異域物種形成，只要族群的某些成員設法跨越平常無法通過的屏障，讓他們能填補新的、未被占據的生態棲位。演化生物學家彼得·葛蘭特和羅斯瑪麗·葛蘭特研究四十多年的達爾文雀是個著名的例子：儘管跟南美洲大陸隔離，但加拉巴哥群島的各個年輕島嶼還是分布了十幾種不同物種。2001 年，葛蘭特夫婦跟遺傳學家的共同研究顯示，達爾文雀的祖先是離草雀，一種來自中南美洲的鳴鳥。一般認為大約在 2300 萬年前（上一個冰河時期），島上物種的祖先從大陸設法飛越冰河。

　　實驗室裡的人擇，也為異域物種形成提供證據。1989 年，美國的生物學家黛安·杜德（Diane Dodd）將擬黃果蠅（*Drosophila pseudoobscura*）分成兩個群體，藉此模擬地理隔離，其中一半的果蠅用麥芽糖培養，另一半靠澱粉食物維生。

物種概念

物種名稱是個便利的標籤，讓我們能描述外表看來跟另一群不同的一群生物。但它只是不斷演化的族群在某個時間點的一張快照：例如，今日的智人跟 20 萬年前出現的人類非常不同。動物和植物的物種定義是根據他們能否通過性來繁殖，但這樣的「生物種概念」並不能應用在無性生殖的微生物，像是細菌。另一個想法是「親緣種概念」（或譯演化種概念），認為物種是一群分享相同共祖的個體。這個概念假設，演化關係可以用生命樹的不同樹枝表現，但也無法應用在所有的微生物，因為它們很容易藉由基因水平轉移互換 DNA。有些科學家根據略嫌任意的遺傳相似性測量，將不同的微生物加以區別。

西元 1973
葛蘭特夫婦開始在加拉巴哥群島追蹤達爾文雀的演化

西元 1989
柯尼和奧爾描述果蠅物種間不相容性的遺傳學

西元 2006
大衛·巴爾巴什（David Barbash）在有親屬關係的果蠅中發現雜交種不相容基因

　　一年後將兩個群體放在一起時，麥芽糖群體偏好跟其他的「麥芽糖果蠅」交配，而澱粉群體則是偏好「澱粉果蠅」。分離改變了牠們的性行為，這表示地理屏障已經創造生殖屏障。

生殖隔離

　　是什麼阻止重聚的起始物種混種繁殖、再造單一的族群？如果交配之前或之後的屏障造成生殖隔離，物種形成就會繼續進行。一個交配前因素是透過視覺和聽覺辨識自己物種成員的能力：例如，葛蘭特夫婦在 1980 年代觀察到，雄雀只會接近播放自己族群的雀鳥唱歌的喇叭。

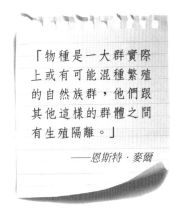

「物種是一大群實際上或有可能混種繁殖的自然族群，他們跟其他這樣的群體之間有生殖隔離。」

——恩斯特・麥爾

　　兩個族群的成員交配會形成雜交種。如果他們的子代健康而且可以生育，他們就不是來自不同的物種。這是生物種概念的中心思想，最早由俄國的族群遺傳學家費奧多西・杜漢斯基在 1935 年提出。杜漢斯基也發展「基因庫」的想法，所有個體都對基因庫有所貢獻。阻擋基因在族群中流動的屏障，最後會導致物種形成。一種可能是染色體的數量改變：多數個體有來自父母雙方的成對染色體，但有些個體攜帶多重染色體，使他們成為「多倍體」。這在植物中相當常見，但是在動物中卻很罕見。杜漢斯基在 1937 年提出，不相容的遺傳變異體不斷累積，最後可能造成生殖屏障。最先誘發果蠅突變的赫曼・穆勒，在 1942 年得出類似的結果。到 1980 年代，他們的理論——雜交種不相容性的杜漢斯基—穆勒模型（Dobzhansky-Muller Model）——被美國的遺傳學家傑里・柯尼（Jerry Coyne）和艾倫・奧爾（Allen Orr）證實。柯尼和奧爾將有親屬關係的兩種果蠅雜交後，找到幾個影響子代能否生育的遺傳因子。

華萊士和奠基者效應

　　英國的博物學家阿弗雷德・羅素・華萊士不只跟達爾文一起提出天擇，他還創建生物地理學（研究物種如何分布）的領域，對於物種形成的理論也有貢獻。

華萊士在1889年出版的《達爾文主義》（*Darwinism*）書中指出，兩個族群一旦分歧到各自都良好適應自身環境的程度時，任何的雜交種都比較適應不良，使得雜交種會被天擇淘汰。這個過程到後期會增強兩個起始物種之間的差異，現在我們稱之為「華萊士效應」。

遺傳漂變也可能意外地驅動生殖隔離。遷移到新環境的個體，例如抵達加拉巴哥群島的達爾文雀的祖先，是大族群中的一個子集。這個小小的隨機抽樣，最初在基因庫裡的變異體不多，使他們的早期演化受到侷限。這個概念是恩斯特‧麥爾在1942年提出的「奠基者效應」。

無論驅使隔離的過程是什麼，最終的結果都是兩個物種的生殖系統變不相容，因為卵子再也認不得精子而阻止受精。之後連性器官也不再能適當配合。兩個群體隨時間累積的差異越來越多，他們在生命樹上的分支也越長越遠，最後變成連不是生物學家都能清楚分辨的不同物種。

分離物種

物種形成有兩條主要途徑。「同域物種形成」發生在族群內部出現基因明顯不同的個體，並且出於某種原因阻止混種繁殖之後，最終形成範圍重疊的兩個物種。「異域物種形成」則是在地理屏障實際上將一個族群分隔之後發生。

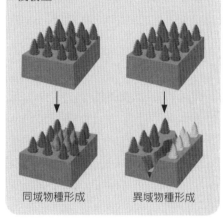

同域物種形成　　異域物種形成

重點概念
屏障造成新的物種

49 滅絕

雖然地球上目前的生物集或許多得驚人，但在整個歷史的多樣性中只占一小部分：99%的物種已從地球的生命史上消失。多數是緩慢滅絕，但有些絕跡的速度很快，原因是出自大滅絕。

滅絕是自然的現象，然而現在物種逐漸絕跡的速度受到人類活動的影響，我們很容易就忘了這點。無論原因為何，當死亡數隨時間超越出生率時，這個族群就注定走向滅亡。正式的滅絕時刻發生在最後一員離世的時候，但是族群可能早就算實際滅絕，因為個體已經少到無法繁殖。隨著群體縮小，同系繁殖也更常見，因此基因庫的多樣性也越來越少。最後生物進入基因不健康的狀況，躲過天擇的可能性也很低，因此很有可能死於疾病或被其他生物打敗。

物種滅絕

誘因無論是自然或人為的改變，滅絕的最終原因都永遠不變：物種沒有能力適應自己的環境。例如，侵略物種可能是自己遷移或人類引進，乾旱可能出於正常的天氣循環或人為的氣候變遷。另外，如果賴以維生的某樣東西從生態系統裡消失，物種也可能經由連帶效應走向滅絕：掠食者失去獵物、寄生物失去宿主、植物失去蜜蜂。

大事紀

西元前 443 百萬	西元前 359 百萬	西元前 251 百萬
奧陶紀大滅絕在全球冷化後消滅 86% 的物種	泥盆紀滅絕事件因為環境改變經歷 75% 的物種滅絕	二疊紀大滅絕（大消亡）消滅 96% 的物種

　　滅絕還有可能是物種形成的結果：隨著生命樹的樹枝一分為二，兩個後裔的祖先也走向滅絕。新的生物種類經由物種形成而不斷出現，其他的物種則透過滅絕而消失不見。

　　過去的科學家從沒想過物種可能絕跡。直到十八世紀後期，許多人仍假設岩石中的化石是現存生物的遺跡；其他人則相信，上帝絕不會讓祂創造的生命從地球表面消逝。如果再也找不到某種生物，他不是已經搬遷、就是在其他地方生活。1796 年，解剖學家喬治斯・居維葉（Georges Cuvier）提出滅絕的第一個清楚證據，他向法國科學院（French Academy of Science）描述他關於骨頭化石的研究。居維葉主張，非洲象和印度象明顯不同，而歐洲和西伯利亞的猛獁象和乳齒象是「消失的物種」。然而，居維葉不相信演化是經過物種的逐漸「演變」；他認為新物種是接在突然的「變革」之後出現，而所謂的變革，是消滅許多物種的週期性浩劫。雖然他對演化的看法有誤，但是對浩劫的想法沒錯。

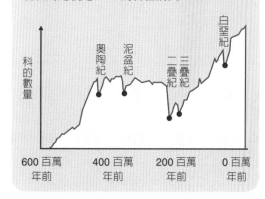

五次大滅絕

下圖呈現海洋脊椎動物和無脊椎動物的科隨時間變化的多樣性，根據的是駱普和塞科斯 1982 年發表在《科學》期刊的圖表。「五大滅絕事件」每次都讓多樣性減少超過 10%，現在的定義是 75% 的物種消失。

科的數量

奧陶紀　泥盆紀　二疊紀　三疊紀　白堊紀

600 百萬年前　　400 百萬年前　　200 百萬年前　　0 百萬年前

大滅絕

　　雖然大多數的生物已藉由緩慢、持續的個別物種滅絕而消失，但偶發的自然災害可能影響全球的生態系統，在很短的時間內消滅大量的物種。古生物學家確認了五個滅絕事件，這些時期的生物多樣性巨量減少到足以構成大滅絕。

西元前 200 百萬
三疊紀滅絕事件造成 80% 的物種消失

西元前 65 百萬
白堊紀末的隕石撞擊消滅 76% 的物種，恐龍也包括在內

西元前 10000
全新世：人類活動驅使潛在的第六次大滅絕

美國的大衛‧駱普（David Raup）和傑克‧塞科斯基（Jack Sepkoski）在 1982 年確認「五大滅絕事件」，他們計算海洋脊椎動物和無脊椎動物共 3300 科的滅絕率。從化石紀錄中最早出現動物的 5 億 4200 萬年前開始，他們注意到，科的數量在五個時間點出現急遽下降。其中最大規模的大滅絕是二疊紀滅絕事件，或稱大消亡，大約是在 2 億 5200 萬年前，這是唯一一次森林和珊瑚礁幾乎全部消失、科的多樣性削減一半的時期。最近的滅絕是 6500 萬年前的白堊紀末滅絕事件，這次減少 11% 的科，而且恐龍從地球上徹底消失。

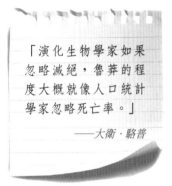

「演化生物學家如果忽略滅絕，魯莽的程度大概就像人口統計學家忽略死亡率。」

——大衛‧駱普

大滅絕的原因，可能是外在因素（例如隕石撞擊）或內在的力（像是火山活動）引發的劇烈氣候變遷，導致全球的暖化或冷化，造成「溫室地球」或「雪球地球」。這樣的變遷，快到像岩石或植物的回饋機制無法及時補償，使得環境改變大到超過許多動物的適應能力。大滅絕後生命再次回升，因為存活者會繼續演化，填補空缺的生態棲位，所以滅絕也可能是創造的過程。

第六次大滅絕

環保人士警告我們正處於第六次大滅絕中，這次的滅絕原因主要是人類的活動。世界自然基金會（Worldwide Fund for Nature）提到的兩個重大威脅是棲地的減少與惡化，以及狩獵和捕魚的大量獵殺。這次的生物多樣性危機，同樣以地質年代命名：「全新世滅絕」。最著名的受害者是多多鳥，一種不會飛的大型鳥，最後被看見的時間是在 1662 年；當時荷蘭人定居在模里西斯的島，他們破壞了多多鳥的森林棲地，並且引進跟牠們爭食的哺乳動物。根據生物學家魯道夫‧德爾佐（Rodolfo Dirzo）的說法，從 1500 年起已有 332 種陸生脊椎動物滅絕。剩下的物種當中，陸生脊椎動物族群已減少 25%，而無脊椎動物則減少 45%。

從古生物學的觀點來看，目前的生物多樣性危機還不足以稱爲大滅絕，然而這個比較並不公平，因爲「五大滅絕事件」的數字是用化石計算，而現存的瀕危生物或許還走在滅絕的途中。假設國際自然保護聯盟（International Union for Conservation of Nature）分類成「受威脅」的物種已通過無法回復的臨界點，那麼滅絕量大約23%。根據古生物學家安東尼・巴諾斯基（Anthony Barnosky）假設的情節，目前所有受威脅的物種都會在一百年內走向滅絕，可能大約經過三百年就到達75%的程度。

測試我們是否正經歷第六次大滅絕的另一種方法，是比較目前的物種消失率和自然背景滅絕率：估計每年每一百萬物種有0.1滅絕。2014年，保育生態學家史都華・皮姆（Stuart Pimm）計算出目前的消失率是背景滅絕率的1000倍以上。

去滅絕

滿身長毛的猛獁象或許有天能再次行走在地球上，這要拜克隆技術之賜，也就是所謂的「去滅絕」，亦可稱爲「滅絕物種重生」。DNA在死亡之後瓦解，溫度越高發生得越快，因此克隆多多鳥或澳洲袋狼不太可能成功，但西伯利亞的冰凍條件或許能保存猛獁象的組織。科學家的作法大概是逆轉組織生長，產生幹細胞並且將它們轉變成卵，而不是利用製造桃莉羊的技術，將體細胞的DNA注射進卵子。細胞無須受精就能被刺激分裂，製造捐贈動物的DNA拷貝，然後將胚胎被植入近親的代理孕母體內。聽來或許像科幻小說，但是已有去滅絕成功的案例：1999年，西班牙的生物學家利用代理山羊，複製最後一隻西班牙野山羊（庇里牛斯山羊）。如果科學家可以說服大象生出猛獁象，這種龐然大物或許終能再次漫步在西伯利亞凍原。

重點概念
物種無法適應環境的改變

50 合成生物學

2010 年 5 月 20 日，美國的遺傳學家克雷格‧凡特宣布他的團隊製造出世界上第一個合成細胞。這個細胞代表遺傳工程的下一步：從零開始建立基因組而不只修飾現存生物的 DNA，這個成就將會走向人類設計創造生命。

凡特赫赫有名的事蹟之一，是帶領私人公司跟政府的人類基因組計畫（Human Genome Project）比賽讀取人類的完整 DNA 序列。這場競賽在 2000 年以平手落幕，凡特稱之為「不務正業的三年」，因為他的主要目標是：合成生命。1995 年，他的團隊跟微生物學家克萊德‧哈奇森（Clyde Hutchison）和漢彌爾頓‧史密斯（Hamilton Smith）共同研究，最先讀取獨立生存有機體——流感嗜血桿菌（*Haemophilus influenzae*）——的基因組，以及最小的基因組——生殖器支原體（*Mycoplasma genitalium*）。2003 年，他們致力於「編寫」基因組，利用合成的核苷酸再造 Phi-X174 噬菌病毒的 5000-鹼基序列。然後到 2010 年，他們對絲狀黴漿菌（*Mycoplasma mycoides*）進行相同的事，在電腦中用一百萬個鹼基的數位編碼製造出合成的細胞。媒體將這個細胞暱稱為「辛西雅」〔Shythia，有合成（synthesis）的意思〕。

建構元件

合成生物學的主要目標是建立活的機器。研究者編譯了一組標準零件，一種名為「生物磚」（BioBrick）的基因樂高積木，因此能簡單地混合搭配不同成分。麻省理工學院（Massachusett Institute of Technology）主導的資料庫——「共享生物零件庫」（Registry of

大事紀

西元 1995	西元 2000	西元 2003
發表生殖器支原體的基因組	在大腸桿菌中建造基因的扳動式開關	人工合成 Phi-X174 病毒基因組

合成細胞

第一個合成細胞的生命從電腦開始，它是用數位編碼製造的絲狀黴漿菌（*Mycoplasma mycoides*）。研究者將基因組的一百萬個鹼基編碼傳入化學合成器，產生短的 DNA 片段，在酵母菌細胞中將 DNA 組裝成染色體，然後移植到近親——山羊黴漿菌（*M. capricolum*）——的接受者細胞（原來的 DNA 已被移除）。接受捐贈者 DNA 後，細胞讀取合成的基因組，產生新的蛋白質。經過一段時間，山羊黴漿菌的痕跡隨著細胞分裂消失，這群細胞變成了合成 DNA 編碼的有機體。

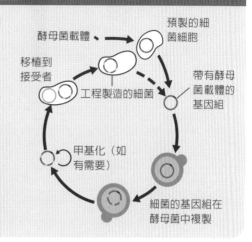

Standard Biological Parts）——存有成千上萬的分子。人為設計創造的生物，可以結合不同功能的零件，像是偵測毒素等化學物質的感應器和顯示它們存在的指示器。

例如，在 2009 年贏得年度的國際基因工程生物機器競賽（international Genetically Engineered Machines, iGEM）的英國劍橋大學學生，製造出能生產不同顏色色素的七種大腸桿菌（*E. coli*）品系，被稱為「E. chromi」。

機器的一個關鍵成分是開關按鈕。2000 年，生物工程學家詹姆斯·柯林斯（James Collins）在大腸桿菌中製造一個扳動式開關，可以在兩個狀態之間切換。組成開關的基因有兩個，各自能編碼「抑制」蛋白質阻擋另一個基因的活動，因此當一個基因「打開」時，另一個基因就會「關掉」。控制的方法是改變溫度或給細胞特定的化學物質，有可能被用來活化其他的基因。

西元 **2005**

德魯·安迪（Drew Endy）製造沒有重疊基因的改造病毒「T7.1」

西元 **2009**

在大腸桿菌中測試更快的演化和編輯

西元 **2010**

絲狀黴漿菌的 DNA 接掌山羊黴漿菌的細胞

最小基因組

機器需要底座支撐零件。每個基因組都包含運轉和維持細胞所需的 DNA ——「管家」基因，負責編碼生存必要的代謝反應和細胞分裂等活動所需的蛋白質和 RNA。

然而，這些基因不是生物磚一般的分子單位，因此很難分離。設計底座的一個方法是費心地一次刪除一個基因，觀察每刪除這個基因後有機體是否存活。然後將那些非必需的基因移除，留下的就是底座或稱爲「最小基因組」。這是凡特的團隊用生殖器支原體（*Mycoplasma genitalium*）進行的研究，他們發現細菌的 482 個基因當中，大約有 100 個不是生存必需——至少在實驗室的條件下。將非必需的基因移除，有助於防止它們的產物在加入新的基因時造成混亂。

> 「這是地球上第一個由電腦擔任父母的自我複製細胞。」
>
> —— J·克雷格·凡特

底座也可以簡化。2009 年，哈里斯·王（Harris Wang）、法倫·艾薩克斯（Farren Isaacs）和彼得·卡爾（Peter Carr）發明一項名爲「多重自動基因組工程」（Multiplex Automated Genome Engineering, MAGE）的技術，加速人類設計生物的創造。2011 年，研究者利用 MAGE 改造大腸桿菌（*E. coli*）的基因組，執行像是在文件中「尋找和取代」的作業，將基因裡的每一個「TAG」都改變成「TAA」。DNA 讀取機器在遇到這兩個三字母文字時都翻譯成「停止」，也就是編碼蛋白質的句子結尾。全都改成「TAA」的意思是可以去除「TAG」的翻譯，避免「重製大腸桿菌」（rE. coli）被基因組用「TAG」當「停止」信號的病毒複製。

安全和防護

合成生物的潛力既讓人興奮、也令人害怕。有個擔憂是可能用作生物恐怖攻擊：病毒學家在 2002 年藉由合成基因組重製小兒麻痺病毒，而美國疾病管制和預防中心的研究者在 2005 年重現造成 1918 年流感大流行的西班牙流感病毒。有個相關的考量回應反對基改生物的舊爭議：隔離防止基改生物逃到野外。因此，合成生物學家執行大規模的風

險評估，而且除了一般規則，研究潛在的生化危機還有更高的倫理和職責規範。其中包括讓生物無法在研究室外存活的防護措施。例如，凡特刪除基因，使他的細菌只能靠特定的營養生長，就好像把細菌用短短的鏈條拴住。

發展扳動式開關的詹姆斯・柯林斯正在開發基因的「死亡開關」，遇到某些化學物質會觸發有毒蛋白質的生成。未來，合成的生命可能用自然界沒有的分子建造，阻止它自然複製。

數位設計

凡特希望製造能從空氣吸收二氧化碳並釋放生質燃料的藻類。他對生物機器還有個願景，希望從數位 DNA 編碼根據要求訂做有機體，例如提供胰島素處方的細胞或對抗流行病的疫苗。凡特將這種生物機器稱為「數位生物轉換器」，聽起來好像是科幻小說，但目前已具備基本雛形。

什麼是生命？合成生物學引發許多生物族群彼此關係的哲學問題，特別是在人類和其他萬物之間。雖然許多族群多多少少能影響其他族群的演化，甚至能驅使物種形成和滅絕，但只有人類可以從零開始創造生命。如果用人工的過程製造，這個活的東西還「自然」嗎？現在我們唯一肯定的是，如果有機體具備生命的特徵而且進行生命的過程，它就是生命。

基因組編輯

直到現在，多數的「基因治療」還是利用病毒送入有作用的基因，彌補有缺陷的基因，或破壞功能不正常的 DNA，然而這個方法可能不見得有效。遺傳工程若要真正成功地治療人類疾病，必須有可能瞄準基因組的特定位置。有項叫「基因組編輯」的新方法，利用核酸酶這種酵素當作分子剪刀，剪去雙股螺旋上的特定鹼基，然後再依靠 DNA 修復機器修理切口。另一個大有可為的技術是 CRISPR-Cas9 系統（微生物的適應性免疫）：病毒侵入微生物後，外來的遺傳物質被酵素切碎，它的序列被加在微生物（如大腸桿菌）DNA 的 CRISPR 區域。當再次感染時，Cas9 酵素能用這個區域的 RNA 拷貝作為響導，立即辨識和切斷病毒，這個機制是埃馬紐埃爾・卡彭蒂耶（Emmanuelle Charpentier）和詹妮弗・杜德納（Jennifer Doudna）在 2012 年發現。科學家目前正在為了基因治療，設計配合人類序列的 RNA 響導。

重點概念
設計創造的生命

詞彙表

Adaptation 適應　演化過程，產生的特性能提高生物在環境中的適存度。

Alleles 對偶基因　基因的不同變異體。

Amino acids 胺基酸多胜肽的化學建構元件。

Carbohydrate 碳水化合物　碳、氫和氧組成的分子，多數生物的燃料。

Cell 細胞　生命的單位，具有脂質膜能將新陳代謝與周圍環境隔離。

Characteristics 特性有機體的生理特徵，包括肉眼看不見的生物化學。

Chromosomes 染色體DNA 與其關聯的蛋白質組成的結構。

Cytoplasm 細胞質　細胞核以外的細胞內容物，是水狀的溶液（細胞質液）。

DNA 去氧核糖核酸去氧核糖核酸，具有四個鹼基（A、C、G、T）的分子，形成雙股螺旋的成對兩股。

Embryo 胚胎　在發育早期的多細胞有機體，介於受精和出生之間。

Environment 環境　生態棲地內的物理環境和生物有機體。

Enzymes 酵素（酶）造就生化反應（催化作用）的蛋白質或 RNA 分子。

Epigenetics 表觀遺傳學傳遞的生物訊息，沒有被編碼成 DNA 上的鹼基序列。

Eukaryotes 眞核生物一個或更複雜的細胞組成的有機體，通常內含細胞核。

Evolution 演化　族群隨時間發生改變。

Fitness 適存度　生存與繁殖的能力。

Gametes 配子　生殖細胞，通常是精子或卵子。

Gene expression 基因表現　生物訊息轉變成生理特性的過程。

Gene pool 基因庫　族群中所有對偶基因的集合。

Genes 基因　將製造蛋白質或 RNA 分子的指令編碼的遺傳單位。

Genetic code 遺傳密碼讓遺傳指令能被轉譯成蛋白質的規則。

Genetic drift 遺傳漂變從基因庫隨機抽樣而造成演化的過程。

Genetic material 遺傳物質　參見「核酸」（nucleic acid）。

Genome 基因組　細胞內一整組的基因或核酸，可指個體或物種。

Genotype 基因型　一個或多個基因的對偶基因組合。

Habitat 棲地　生物族群在自然界的家。

Heredity 遺傳　世代之間的基因傳遞，通常被解釋爲親代傳到子代，但是

也可用細胞分裂解釋。

Homeostasis 恆定性（穩態）　保持內在的狀態相對穩定。

Inheritance 遺傳　參見「遺傳」（heredity）。

Metabolism 新陳代謝維持細胞運作的生化反應。

Mitochondria 粒線體眞核細胞內的胞器，主要進行呼吸作用。

Morphology 形態學身體或身體部位的形狀。

Mutations 突變　核酸的鹼基序列發生改變。

Natural Selection 天擇透過適者生存驅動適應的過程。

Nucleic acids 核酸DNA 或 RNA 的分子。

Nucleotides 核苷酸　核酸的建構元件，各有四個化學「字母」或鹼基之一。

Nucleus 細胞核　眞核生物細胞裡的胞器，內含DNA，能開啓基因表現。

Organelles 胞器　細胞內的小「器官」，執行至少一項活動。

Organs 器官　系統中執行某項活動（例如消化或繁殖）的身體部位。

Phenotype 表現型　基因型產生的特性。

Physiology 生理學（生理機能）　維持身體運作的過程。

Polypeptides 多胜肽基因編碼的分子，各是由

一連串胺基酸組成。

Prokaryotes 原核生物通常由單一細胞組成的有機體，DNA 裸露在細胞質中。

Proteins 蛋白質　在細胞中執行功能的摺疊結構，由一個以上的多胜肽組成。

Recombination 重組染色體片段之間的核酸互換，製造新的基因組合。

RNA 核糖核酸　核糖核酸，具有四個鹼基（A、C、G、U）的分子，通常以單股出現。

Selfishness 自私性　個體或基因的行爲，似乎根據自己的利益行動。

Species 物種　生物的明顯類型，通常被解釋爲成員之間能混種繁殖的一個族群。

Symbiosis 共生　兩個物種之間的緊密關係，通常至少有利於其中一方。

Tissues 組織　執行某個任務（例如運動或溝通）的一群細胞。

RE35

50則非知不可的生物學概念

作　　者	JV・查莫里
譯　　者	李明芝
發 行 人	楊榮川
總 經 理	楊士清
主　　編	王者香
責任編輯	許子萱
封面設計	王正洪
出 版 者	五南圖書出版股份有限公司
地　　址	106台北市大安區和平東路二段339號4樓
電　　話	(02)2705-5066
傳　　真	(02)2706-6100
劃撥帳號	01068953
戶　　名	五南圖書出版股份有限公司
網　　址	http://www.wunan.com.tw
電子郵件	wunan@wunan.com.tw
法律顧問	林勝安律師事務所　林勝安律師
出版日期	2018年9月初版一刷
定　　價	新臺幣320元

國家圖書館出版品預行編目資料

50則非知不可的生物學概念 / J. V. 查莫里(J.
V. Chamary)著；李明芝譯. -- 初版. -- 臺
北市：五南, 2018.09
　面；　公分. -- (博雅科普 ; 11)
譯自： 50 Biology ideas you really need to
　　know
　ISBN 978-957-11-9836-1 (平裝)

1.生命科學　2.通俗作品

360　　　　　　　　　　　　　　107012234